LES VACANCES

MUST VATICAN

premium guide for world's leading travelers

머스트 바티칸

www.lesvacances.co.kr

면적과 인구로 따진다면,

세계에서 가장 작은 국가인 바티칸

그러나 상징적인 의미로 본다면,

어디든 교회가 있는 곳이 그 영토이자,

기독교 신자 전부가 국민인 가장 큰 나라, 바티칸

바티칸은 인류의 역사를 기원 전후로 나누어 놓은 인류사 최대의 사건인
예수의 출현과 그로 인해 가능했던 기독교 2,000년 역사가 고스란히 들어있는 곳이자,
인류에게 가장 큰 영향을 미친 기독교 예술의 모든 것이 들어있는 곳이기도 하다.

계단을 오르고 문을 열 때마다, 또 모퉁이를 돌 때마다
벽화와 조각 그리고 미켈란젤로, 라파엘로, 베르니니 등
르네상스와 바로크 예술가들의 걸작들을 대하면서
사람들은 서서히 영적으로 예민해진다.
그 옛날 로마를 찾았던 괴테나 스탕달처럼 때론 전율하고,
때론 숨을 몰아 쉬기도 한다.
색에는 영혼의 깊이가 있으며, 선들은 예리하고 비범하다.
모든 예술가들이 바티칸을 찾았던 이유가 여기에 있다.

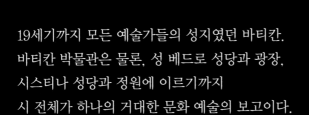

Getting to Know the Vatican

19세기까지 모든 예술가들의 성지였던 바티칸.
바티칸 박물관은 물론, 성 베드로 성당과 광장,
시스티나 성당과 정원에 이르기까지
시 전체가 하나의 거대한 문화 예술의 보고이다.

오늘날의 바티칸은 옛날 로마제국 시절, 네로 황제의 정원과 원형 경기장이 있던 로마의 한 언덕이었다. 64년에 순교한 베드로의 무덤도 이곳에 있었다. 324년, 이 무덤 위에 최초로 성당이 세워지면서 "베드로 위에 내 교회를 세우겠다"고 했던 예수의 말이 실현되었다. 그 후 르네상스까지 약 천 년에 이르는 교황권의 전성기 동안 성 베드로 성당이 세워지고, 미켈란젤로, 라파엘로 등의 천재들이 동원되어 서구 예술사의 황금기를 맞았다. 그러다 나폴레옹 점령과 유럽에 불어 닥친 혁명의 여파로 바티칸은 점차 세속 권력을 상실한다. 이탈리아 통일 운동으로 결국 라테라노 협정을 맺으면서 오늘날의 바티칸 시국에 이르게 된 것이다. 그러나 엄청난 비난을 받았던 이 협정을 통해 성 베드로 성당과 수많은 인류의 문화 예술을 간신히 지킬 수 있었다.

베드로의 무덤 위에 세워진 초기 성당은 긴 장방형 건물이었다. 1503년 교황 율리우스 2세의 명에 의해 천 년의 역사를 간직한 이 옛 건물이 헐리고 현재의 성당이 건립되기 시작한다. 이때가 바로 미켈란젤로, 라파엘로가 활동했던 시기이기도 하다. 이후 카라바조, 베르니니 등 르네상스와 바로크 시대의 수많은 천재들이 심혈을 기울여 창작한 작품들이 성당을 장식했고, 성 베드로 성당은 성소인 동시에 하나의 미술관이 되었다. 미켈란젤로의 〈피에타〉, 시스티나 성당에 있는 〈천지창조〉와 〈최후의 심판〉, 라파엘로의 〈아테네 학당〉 등 미술사 최대의 걸작들이 신앙과 완벽한 조화를 이루고 있는 곳이다.

바티칸 박물관은 역대 로마 교황들이 수집한 방대한 조각, 회화, 공예품, 고문서 등을 소장하고 있다.

교황 클레멘스 14세 치하에 새로운 건물을 지어 공공 박물관으로 출발했다. 이 건물은 교황 피우스 6세 때 확장되었고 현재도 두 교황의 이름을 따 이탈리아식으로 피오 클레멘티노관으로 불린다. 19세기 초반 나폴레옹이 약탈해갔던 유물들이 돌아오자, 새롭게 현대식 건물을 지어 이를 보관하게 된다. 동시에 로마 시내 라테라노관에 소장되어 있던 고대 유물과 기독교 유물들을 이전해 현대 기독교 예술 박물관도 문을 연다.

바티칸은 북유럽 르네상스와 프랑스 고전주의는 물론이고, 19세기까지도 모든 화가, 조각가들의 성지였다. 미술의 나라 프랑스의 국립미술학교 에콜 데 보자르는 로마에 분교를 설립하고 장학생들을 뽑아 유학을 보낼 정도였다.

EDITOR'S LETTER

모든 인간의 영혼에
호소하는
보편적인 울림

바티칸을 찾은 이들은 대부분 그 엄청난 규모에 놀라고 만다. 손때 묻은 허름한 시골 교회의 순수한 신앙을 느낄 수 없다고 하는 이들도 있지만, 성 베드로 성당이 방대한 규모를 갖추게 된 데에는 이유가 있다. 그 이유를 살펴보는 것은 유럽 역사를 훑어보는 흥미진진한 일이며, 동시에 인간의 영혼과 관련된 진지한 질문을 던져 보는 기회가 된다.

"천국의 열쇠를 네게 주리니 땅에서 매면 하늘에서도 매일 것이요, 땅에서 풀면 하늘에서도 풀릴 것이다." 예수가 베드로에게 했던 말로, 베드로를 묘사한 조각과 그림에는 언제나 열쇠가 등장한다. 성 베드로 성당 역시 그 자체가 거대한 열쇠의 형태를 띠고 있다. 결국 바티칸에 들어선다는 것은 이 거대한 천국의 열쇠 속으로 들어가는 것을 의미한다.

시스티나 성당의 천장화와 벽화인 〈천지창조〉와 〈최후의 심판〉은 인류사 최고의 미술품들이지만 동시에 〈창세기〉에서 시작해 〈요한 묵시록〉의 최후의 심판으로 끝나는 기독교 세계관의 표현이다. 그렇다고 바티칸이 꼭 기독교 신자들에게만 의미 있는 곳은 아니다. 이탈리아 르네상스 전성기와 바로크 시대를 대표하는 거장들의 작품은 관람자들의 신앙 유무를 떠나 모든 인간의 영혼에 호소하는 보편적인 울림을 지니고 있는 예술품들이기 때문이다.

산탄젤로 다리에서 성 베드로 성당을 바라보며
저자 정장진

순례자인가, 관광객인가

이스라엘의 예루살렘, 스페인의 산티아고 데 콤포스텔라와 함께
세계 3대 순례지 중 하나인 바티칸.
하지만 오늘날의 바티칸에서는 시의 주요 수입원인 관광 명소로서의 역할도
순례지 못지 않게 큰 비중을 차지한다.

CONTENTS

베드로의 발에 입을 맞추는 사람들
성 베드로 성당 안 청동으로 만든 베드로 상의 발은 반짝반짝 윤이 나며
엄지발가락에는 발톱이 없다.
간절한 소망을 간직한 수많은 사람들이 이곳을 지나며
베드로의 발에 입을 맞추고 손으로 쓰다듬었기 때문이다.

023

036

04

|

CONTENTS

|

LES VACANCES
MUST
VATICAN

머스트 바티칸

LES VACANCES MUST
Vol. 06

■ **발행** | Publisher · · · · · · · · · · · 정장진 Jung, Jang Jin
부사장 | Vice-president · · · · · · · 박관호 Park, Kwan Ho
이사 | Director · · · · · · · · · · · · · · 박종윤 Park, Jong Yun

Editorial Dept.
편집장 | Editor-in-Chief · · · · · · · 정장진 Jung, Jang Jin
에디터 | Editors · · · · · · · · · · · · · · 김지현 Kim, Ji Hyoun
　　　　　　　　　　　　　　　　 표영소 Pyo, Young So
　　　　　　　　　　　　　　　　 김수희 Kim, Soo Hee

Design Dept.
편집 디자인 | Designer · · · · · · · · 김현주 Kim, Hyun Ju
지도 디자인 | Designer · · · · · · · · 정명희 Jung, Myoung Hee

Photograph Dept.
Les Vacances Photo DB

■ ㈜레 바캉스 **Les Vacances**

사장 | President · · · · · · · · · · · · · 공윤근 Kong, Yun Gun

서울 강남구 논현동 210-3 SH빌딩 5층
5F, 210-3, Nonhyun-dong, Gangnam-gu, Seoul 135-996, Korea
Tel. 82 2 546 9190 / Fax. 82 2 569 0408
상표출원번호 200838351

인쇄 | 2009년 1월 19일 / 연미술
발행 | 2009년 1월 22일 / 레 바캉스
ISBN 978-89-91025-30-1 04980 / 978-89-91025-40-0 04980 (세트)

레 바캉스 **MUST**는 여행 중에 꼭 소지하고 있어야 할 정보만을 엄선해
제공합니다. 현지에서 레 바캉스 웹사이트를 이용하면 최신 뉴스는 물론
더 많은 명소와 레스토랑, 카페, 쇼핑, 호텔 정보를 얻으실 수 있습니다.
www.lesvacances.co.kr

바티칸에서는 위를 보라

바티칸에 들어서면 천장을 눈여겨볼 필요가 있다.
프레스코 천장화로 치장되어 스투코^{stucco}로 화려하게 장식된 천장을 올려다보면
마치 다른 세상에 와 있는 듯한 착각이 든다.

교황의 요새, 성 천사의 성

산탄젤로Sant'Angelo 성이라고도 하는 이곳은 과거 교황의 요새였던 곳.

이곳 테라스에서 바라보는 바티칸 시의 전경이 볼 만하다.

17세기 바로크 시대의 걸작들인 난간 위의 천사상을 따라 성 천사의 다리를 건너면

성 천사의 성으로 들어갈 수 있다.

바티칸 박물관의 나선형 계단
관람을 마치고 밖으로 나가려면 독특한 모양의 나선형 계단을 지나야 한다.
주세페 모모가 설계한 계단을 내려오면서 많은 이들은 다시 속세로 내려간다는 생각을 하게 된다.

Icon

The Key of the Kingdom • The Holy Door • Vatican's Swiss Guard • The Biggest Dome • The Obelisk

천국의 열쇠, 바티칸 / 성스러운 문, 포르타 산타 / 바티칸의 스위스 용병들 /
로마에서 가장 거대한 돔 / 성 베드로 광장에 이집트 오벨리스크가 있는 까닭

Special Keywords Featuring the Vatican 〉
바티칸을 말하다, 바티칸 대표 아이콘

많은 사람들이 '로마에 바티칸이 있다'고 생각한다. 하지만 이것은 두 가지 점에서 틀린 생각이다. 우선 바티칸은 이탈리아와 동등한 독립 국가이기 때문이다. 두 번째로는 가톨릭의 출발점으로서 바티칸은 영적으로 '모든 나라 위의 나라'이기 때문이다. 즉 로마 위에 바티칸이 있는 것이다. 가톨릭이라는 말의 어원 자체도 보편적이라는 뜻을 갖고 있다. 바티칸의 아이콘들은 이러한 상징성에서 나온다.

성 베드로 광장에 발을 디디면, 베드로가 예수로부터 받은 거대한 '천국의 열쇠' 속으로 들어간 것이다. 베르니니가 설계한 거대한 광장은 열쇠의 손잡이이며, 성 베드로 상이 있는 계단을 올라 성당으로 들어가면 천국과 맞물리는 열쇠의 몸통 속으로 들어선 것이다. 성당에 들어서면 모두들 잠시 옷깃을 여민다. 신앙이 없어도 웅장하고 아름다워서 자연히 그렇게 된다. 손때 묻은 허름한 시골 예배당이 더 영적인 곳이라고 말하는 이들도 있겠지만, 창세기에서 시작해 묵시록에서 끝나는 기독교 세계관이 구현된 곳이 성 베드로 성당이다. 미켈란젤로의 〈천지창조〉와 〈최후의 심판〉이 이곳에 있는 것은 우연이 아닌 것이다. 또한 바티칸은 성서 번역과 해석을 통해 전 세계에 문자를 보급하고 지식을 전파한 곳이기도 하다. 뿐만인가? 음악도, 미술도, 그리고 무엇보다 건축도 모두 바티칸에서 시작되었다.

미켈란젤로 라파엘로 베르니니의 바티칸은 매혹적인 완벽함으로 바티칸을 찾는 이들을 전율케 한다. 이들이 만들어 낸 아름다움과 숭고함은 신앙이 없이는 불가능했을 것만 같다. 그래서 많은 여인들이 조각에 손을 대고, 베드로 상의 발에 입을 맞추며 기도를 드릴 때 아무도 그 조각을 우상이라고 하지 않으며 여인들의 기도를 미신이라고 말하지 않는다. 바티칸은 아름다움과 성스러움이 하나가 되는 공간인 것이다.

THE KEY OF THE KINGDOM
천국의 열쇠, 바티칸

"너에게 천국의 열쇠를 주노니……" 12사도 중 한 사람인 베드로는 예수로부터 천국의 열쇠를 건네받은 인물이다. 성 베드로 성당은 예수가 생전에 했던 말 그대로 베드로의 묘가 있는 자리에 세워졌으며, 베드로가 받은 천국의 열쇠 형상을 하고 있다. 성 베드로 성당 자체가 곧 천국의 열쇠인 것이다. 성당 건물만 보면 십자가 형태이지만, 열주 회랑으로 둘러싼 원형 광장과 합해지면 열쇠 모양이 된다. 성 베드로 성당의 돔 위에 오르면 그 모습을 확인할 수 있다. 이 열쇠는 베드로의 상징이기도 하다. 성 베드로 성당 안팎의 베드로 조각들을 비롯해 수많은 그림 속에서 열쇠를 들고 있는 베드로의 모습을 발견할 수 있다.

SEPTVAGIES · SEPTIES

《포르타 산타》세례자 요한 조각

THE HOLY DOOR
성스러운 문, 포르타 산타

'포르타 산타Porta Santa'는 성년에만 열리는 성스러운 문을 지칭하는 이탈리아 어이다. 성 베드로 성당 입구에 있는 다섯 개의 문 중 가장 오른쪽에 있는 이 문에는 예수의 일생을 묘사한 16개의 부조가 조각되어 있다. 이 문은 오직 교황만이 열고 닫을 수 있는데, 문이 열리는 성년은 25년마다 돌아오는 대사면의 해를 지칭한다. 특별히 기념할 일이 있을 때 교황이 별도로 특별 성년을 선언하면 문이 열리기도 한다. 1933년은 예수 그리스도가 33년 33세의 나이로 죽었음을 기리기 위해 특별 성년으로 지정되었는데, 이어 1983년에도 50주년을 기념해 문이 열렸었다.

VATICAN'S SWISS GUARDS
바티칸의 스위스 용병들

성 베드로 성당 주변으로 피에로 같은 복장을 한 채 무거워 보이는 언월도를 들고
서 있는 꽃미남들을 보게 된다. 바티칸에서 유로화로 월급을 받는 이들은 스위스
용병으로 구성된 바티칸 근위대원이다. 체격과 나이 등 까다로운 기준을 거쳐 선발
되며, 스위스 군 출신이어야만 한다. 고대 로마의 군 조직을 모방해 총 100명으로
구성되어 있다. 1527년 5월 6일 신성로마제국의 카를 5세가 로마를 침공해 약탈을
자행했을 당시, 스위스 근위대원들은 목숨을 던져 교황 클레멘스 7세를 사수했고,
덕분에 교황은 무사히 몸을 피할 수 있었다. 이 전설적인 무훈을 기리기 위해 지금도
창설기념일 대신 충성서약일로 선포된 5월 6일에 대대적인 기념식을 갖는다.
충성서약을 할 때면 모든 근위대원들이 왼손으로는 근위대 기를 붙잡고 오른손을
들어 성삼위일체를 상징하는 기호인 손가락 세 개를 펴보인다.

THE BIGGEST DOME
로마에서 가장 거대한 돔

성 베드로 성당의 중앙 돔은 로마에 있는 돔 중 가장 크다. 외부에서 바라보면 마치 성당 건물 전체가 이 거대한 돔을 지탱하고 있는 것 같은 인상을 받는다. 처음 돔의 설계를 맡았던 브라만테는 판테온 신전을 모방한 돔을 만들고자 했다. 이후 미켈란젤로의 손을 거치면서 돔의 크기는 더욱 확대되었고, 1593년 자코모 델라 포르타와 도메니코 폰타나가 이를 완공했다. 바닥에서 돔 꼭대기 까지의 높이는 136m에 이른다. 돔을 받치는 기둥 상단부에는 지름 8m의 원형 액자가 있는데, 이 안에는 4명의 복음서 기자들이 모자이크 기법으로 묘사되어 있다. "너를 베드로라 부르니, 그 위에 내 교회를 세우리라. 너에게 천국을 열 수 있는 열쇠를 주노라." 라는 뜻의 라틴 어가 금박으로 새겨진 것도 볼 수 있다. 돔 꼭대기에는 테라스가 있어, 계단이나 엘리베이터를 타고 올라갈 수 있다. 돔 위에서 바라보는 전망이 무척 아름답다.

THE OBELISK
성 베드로 광장에 이집트 오벨리스크가 있는 까닭

파리, 뉴욕, 런던, 로마 등 세계의 주요 대도시에는 어김없이 **오벨리스크가 세워져 있다.** 기독교 본산 바티칸의 성 베드로 **광장에서도 이 오벨리스크를 볼 수 있는데, 유대인을 노예로 부렸던 이집트의 기념물이 바티칸에 있다는 사실이 언뜻 이상해 보이기도 한다.** 하지만 과거 교황이 유럽 전체를 지배했던 왕 중의 왕이었음을 떠올리면 국력과 전승을 상징하기 위해 오벨리스크가 필요했음을 짐작할 수 있다. 이 오벨리스크는 기원전 1세기 이집트 주재 로마 총독을 위해 이집트에서 선물한 것이었는데, 교황 식스투스 5세의 명으로 현재의 광장에 세워졌다. 1585년 9월 10일, 성 베드로 광장에 오벨리스크를 세우기 위해 약 800명의 인부와 75마리의 말이 동원되었다고 한다. 오벨리스크 끝에는 예수가 못 박혀 죽은 십자가 조각이 보관되어 있다.

모두들 위를 본다. 〈천지창조〉를 보기 위해서.
많은 이들이 정면에 있는 〈최후의 심판〉을
외면하는 이유는 어디에 있을까?

Know-how to Explore the Vatican
바티칸 관람 요령 및 추천 일정

MUST 바티칸 편은 관람 일정에 2~3시간의 여유 밖에 없는 사람부터

이틀 이상의 시간을 할애할 수 있는 사람까지 누구나 유용하게 활용할 수 있다.

MUST를 활용해 바티칸을 좀 더 쉽고 알차게 관람하는 방법을 소개한다.

Itinerary⁺

|일정별 관람 요령|

관람시간 2~3시간 이내 〈MASTERPIECE〉의 관람 순서를 참고한다.

바티칸 관람에 할애할 수 있는 시간이 두세 시간뿐이라면 대표작품을 중심으로 볼 수 밖에 없다. 이 경우에는 먼저 관람할 작품과 위치를 미리 파악한 후 돌아보는 것이 필수이다. 도시 전체가 하나의 거대한 박물관인 만큼 바티칸 박물관은 물론, 성 베드로 성당과 광장, 시스티나 성당, 정원 등 보아야 할 작품이 곳곳에 산재해 있다. MUST의 〈MASTERPIECE〉를 참조하면 가장 쉽고 빠르게 바티칸의 대표작품을 둘러볼 수 있다. 〈MASTERPIECE〉에서는 성 베드로 광장에서 시작해, 성 베드로 성당, 시스티나 성당, 바티칸 박물관의 주요 작품을 선정해 건축과 조각, 회화에 이르기까지 바티칸의 다양한 예술품을 두루 훑어볼 수 있도록 했다.

관람시간 3시간~반나절 〈THEME〉에서 관심 있는 주제를 관람 루트에 추가한다.

관람 일정에 보다 여유가 있는 사람은 〈THEME〉를 미리 읽으면 보다 알차게 관람할 수 있다. 〈THEME〉의 주제들을 통해 바티칸 시국의 상징성과 교황 등 생소한 개념에 한발 더 다가갈 수 있으며, 바티칸이 서구 예술에서 지닌 의미를 파악하며 관람할 수 있다. 반나절 정도의 여유가 있을 때는 〈THEME〉에서 다루고 있는 각각의 주제를 하나의 관람 루트로 이용하거나, 이 중에서 관심 있는 작품만 골라 〈MASTERPIECE〉의 루트에 추가해도 좋다.

관람시간 1일 이상 〈COLLECTION〉에서 관심 있는 작품을 찾아본다.

더 많은 작품에 대해 알고 싶은 사람은 〈COLLECTION〉을 참고한다. 〈COLLECTION〉에서는 바티칸 박물관의 나머지 작품들을 주제별·관별로 정리해 두었다. 각 작품의 사진과 함께 핵심적인 작품 해설을 곁들여, 직접 보지 않고도 바티칸 박물관의 작품 컬렉션을 일목요연하게 파악할 수 있다.

Itinerary⁺⁺

|바티칸 관람 전 알아둬야 할 8가지|

1. 바티칸 관람은 크게 성 베드로 성당과 광장, 바티칸 박물관, 시스티나 성당, 바티칸 정원의 네 부분으로 나누어진다. 시스티나 성당은 바티칸 박물관과 이어져 있어, 일반적으로 바티칸 박물관의 마지막 순서에 시스티나 성당을 관람하게 된다. 정원은 벨베데레 정원과 솔방울 정원을 제외하고 대부분 예약을 통한 유료 입장만 가능하다.

2. 바티칸을 제외한 로마 대부분의 박물관이 휴관인 월요일에 바티칸 관람객이 많은 편이며, 무료 입장일인 매월 마지막 일요일이 가장 붐빈다. 오전에 바티칸 박물관을 관람한 후 오후에 성 베드로 성당을 관람하는 코스가 일반적이지만, 개관시간인 오전 9시 이전에 도착하지 않는 한 입장 시 평균 2시간씩 줄을 서 기다려야 하므로, 반대로 오전에 성 베드로 광장과 성당부터 관람하는 것도 하나의 방법이다.

3. 성 베드로 광장과 성당은 건축과 조각이 전부 주요 볼거리이다. 성당 돔에 오르면 바티칸 정원과 로마 시내를 한눈에 내려다 볼 수 있어 많은 사람들이 찾는다. 오전보다는 오후에 올라가는 것이 좋다.

4. 바티칸 박물관은 상당히 복잡한 건물이므로, 관람 전에 동선을 파악해 두어야 이동 시간을 절약할 수 있다. 유물은 박물관 2, 3층에 소장되어 있으며, 라파엘로의 그림들, 고대 그리스 · 로마 조각, 고대 이집트 유물, 르네상스와 바로크 회화, 고지도 등은 별도의 명칭이 부여된 각각의 전시실에 소장되어 있다.

5. 바티칸 박물관에 입장한 뒤, 에스컬레이터를 이용해 2층으로 올라가면 양 갈래로 길이 나뉘어진다. 회화실인 피나코테카가 있는 오른쪽부터 먼저 관람한 후, 왼쪽으로 이동해 이집트관, 피오 클레멘티노관 등을 관람하는 것이 일반적인 순서이다. 솔방울 정원, 〈라오콘〉 등의 고대 조각이 모여 있는 벨베데레의 안뜰, 피오 클레멘티노관, 이집트관 등 2층의 전시실들을 차례로 둘러본 후 3층으로 올라간다.

6. 3층에는 태피스트리관, 지도관, 라파엘로관 등이 있다. 4개의 작은 전시실로 이루어진 라파엘로관에서는 〈아테네 학당〉, 〈성체 논쟁〉 등 라파엘로가 그린 르네상스 최고의 그림들을 볼 수 있다.

7. 라파엘로관을 관람한 후 계단을 내려가면 시스티나 성당으로 통한다. 이곳에서 미켈란젤로의 걸작 〈최후의 심판〉과 〈천지창조〉를 비롯해 페루지노, 보티첼리 등이 그린 12점의 르네상스 회화들을 감상한다.

8. 바티칸 박물관의 출구는 두 곳이다. 주세페 모모가 만든 나선형 계단은 입구 쪽에 있으며, 성 베드로 성당으로 가려면 시스티나 성당 쪽으로 나 있는 출구를 이용하는 것이 편리하다.

Masterpiece

Great Works You Must See 〉 바티칸에서 꼭 봐야 할 작품

바티칸의 모든 것은 하나의 표준이자 모델이다. 즉 모든 것이 걸작이라고 할 수 있다. 성 베드로 광장도, 성당도, 그 안에 있는 조각도 모두 모방할 가치가 있는 작품들이다. 19세기 중반까지만 해도 서양의 모든 예술가들이 로마를 방문했던 이유가 여기에 있다. 비단 화가, 조각가들만이 아니라 괴테, 스탕달 같은 작가들도 로마를 찾았다.

바티칸에 기독교 미술만 있는 것은 아니다. 고대 그리스 로마 시대의 조각과 이집트 유물도 있고, 중세와 르네상스의 성화들, 그리고 무엇보다 바로크 양식의 미술품들이 많다. 먼 옛날 수도승과 사제는 글을 읽을 줄 아는 유일한 지식인들이었고, 자연히 이들은 그리스 철학자들의 책도 잘 알고 있었다. 라파엘로가 그린 〈아테네 학당〉에 등장하는 철학자들은 기독교 사제들이 보기에는 조물주의 섭리를 드러내는 이들로 간주되었고, 르네상스 당시에는 위험을 무릅쓰고 플라톤의 이데아 사상과 기독교의 신의 섭리를 연결시키려고 했으며, 나아가 비너스와 성모를 같은 존재로 보려는 시도도 있었다. 미켈란젤로는 〈최후의 심판〉을 그릴 때, 고대 그리스 조각이자 간다라 미술에 결정적 영향을 미쳐 동양에서 불상 제작 시 모델이 되기도 했던 〈벨베데레의 아폴론〉 상으로부터 인물의 포즈와 얼굴 모습을 그대로 가져오기도 했다. 이처럼 바티칸은 성소인 동시에 거대한 박물관이자 미술관이라 할 수 있는 곳이다.

Piazza San Pietro
성 베드로 광장

세상을 품에 안은 광장

종교 건축은 늘 깊은 상징성을 갖고 있다. 성 베드로 광장과 광장을 에워싸고 있는 열주 회랑 역시 예외가 아니다. 위에서 보면 열쇠 모양을 하고 있어서 초대 교황인 베드로가 예수로부터 받은 천국의 열쇠를 상징하기도 하지만, 동시에 성모 마리아가 두 팔을 벌려 세상을 끌어안는 형상을 나타내기도 한다. 이 경우 광장 좌우에 하나씩 놓여있는 두 개의 분수는 성유, 즉 성모의 두 젖가슴을 상징하며 이는 헤아릴 수 없이 많이 그려진 그림인 '아기 예수를 안고 있는 마돈나'의 건축적 변형인 셈이다.

건축가이자 조각가였던 베르니니가 성당 앞 광장과 이를 에워싼 열주 회랑을 완성한 것은 성당이 완공된 지 70여 년이 지난 1667년이었다. 무려 284개의 도리아식 기둥들이 4열로 늘어선 이 둥근 회랑 위에는 베르니니의 제자들이 제작한 140명의 성자와 순교자 조각이 올라가 있는데, 조각의 크기가 모두 3m를 넘는다. 원의 중심에 해당하는 광장 한가운데에는 오벨리스크가 서 있고, 좌우로 베르니니와 마데르노가 만든 분수가 자리잡고 있다. 성 베드로 광장의 분수는 파리 콩코드 광장의 분수를 비롯해 세계 여러 도시에 있는 분수들의 모델이 되기도 했다. 물이 부족한 로마에서 분수는 물을 공급하는 중요한 역할 이외에도, 성유의 상징성과 더불어 기독교의 세례와 관련된 종교적 의미 역시 함축하고 있다.

〈바로크 건축〉
성 베드로 광장 (Piazza San Pietro)

오벨리스크는 이집트에서 가져온 것으로 원래 네로 황제의 경기장에 있던 것을 1586년 현재 위치로 옮겨왔다. 오벨리스크 끝에는 예수가 못 박혀 죽은 십자가 조각이 보관되어 있다. 첨탑인 오벨리스크로 인해 성 베드로 광장은 또 다른 의미를 부여받게 되는데, 다름 아니라 오벨리스크의 그림자로 인해 광장 전체가 거대한 하나의 해시계가 되는 것이다. 성 베드로 광장처럼 복합적인 상징성을 지닌 건축물은 바로크 양식의 중요한 특징 중 하나이다. 광장에 발을 들여놓는 순간, 사람들은 이 상징과 의미들의 건축적 수사학 속으로 들어서는 것이다.

광장에서 가장 긴 부분은 길이가 196m에 달한다. 오벨리스크를 중심으로 형성되어 있는 원은 중심에 가까이 올수록 낮아지도록 설계되어 있다. 여기에 서서 열주 회랑의 기둥들을 보면 284개의 기둥이 하나로 겹쳐 보이는데, 이는 기둥 간 거리를 동일하게 하는 대신, 밖으로 갈수록 두께가 두꺼운 기둥을 세운 베르니니의 설계 때문이다.

Pietà
피에타

02

슬프도록 아름다운 걸작

성 베드로 성당 안에 있는 조각 작품 중 최고의 걸작으로 꼽히는 〈피에타〉 앞에는 언제나 수많은 사람들이 모여있다. 안타깝게도 1972년 한 정신병자가 조각에 손상을 입힌 이후 방탄 유리가 설치되어 가까이 접근할 수 없도록 되어 있다. '피에타'는 경건 혹은 동정심을 뜻하는 말로, 예수의 시신을 끌어안고 있는 성모 마리아를 표현한 모든 예술 작품을 일컫는다. 이 작품을 완성했을 당시, 많은 사람들이 고작 25살의 젊은 청년의 작품이라는 사실을 믿지 못해 다른 사람이 조각했다는 소문까지 돌았다. 이에 격분한 미켈란젤로는 작품에 직접 자신의 이름을 새겨 넣었고, 이렇게 해서 〈피에타〉는 미켈란젤로의 서명이 들어간 유일한 작품이 되었다. 원래 1498년 프랑스 주교가 자신의 묘를 장식하기 위해 주문한 작품이었으나, 1519년 성 베드로 성당에 들어왔다. 막 숨을 거둔 예수의 육체는 힘없이 늘어진 팔, 눈을 감은 채 뒤로 젖혀진 머리 등을 통해 사실적으로 묘사되어 있다. 이상화된 육체가 아니라 진실에 접근하려 한 미켈란젤로의 위대함이 엿보인다. 성모와 예수를 실물 크기로 조각한 것도 이런 이유에서였다. 성모 마리아가 실제보다 젊게 묘사된 것은 예수의 시신과 살아있는 성모의 극적인 대비를 통해 숨을 거둔 예수의 처연한 모습을 강조하기 위한 의도였다. 다른 많은 〈피에타〉 조각과 달리 미켈란젤로는 두 주인공만을 조각해 단순성과 비장미 또한 더욱 부각시키고 있다.

성모 마리아의 앞가슴에는 "MICHAEL. ANGELUS. BONAROTUS. FLORENT. FACIEBAT", 즉 "피렌체의 미켈란젤로 부오나로티가 이 작품을 제작했음"이라는 문구가 들어가 있다. 글을 써 넣은 이 띠가 없었다면 이 작품은 한층 아름다웠을 것이다. 예술가의 자존심을 건드리면 좋은 작품을 얻을 수 없다.

〈르네상스 조각〉
미켈란젤로 부오나로티(1474-1564), 1500, 대리석, 174x69cm
성 베드로 성당 (Basilica di San Pietro)

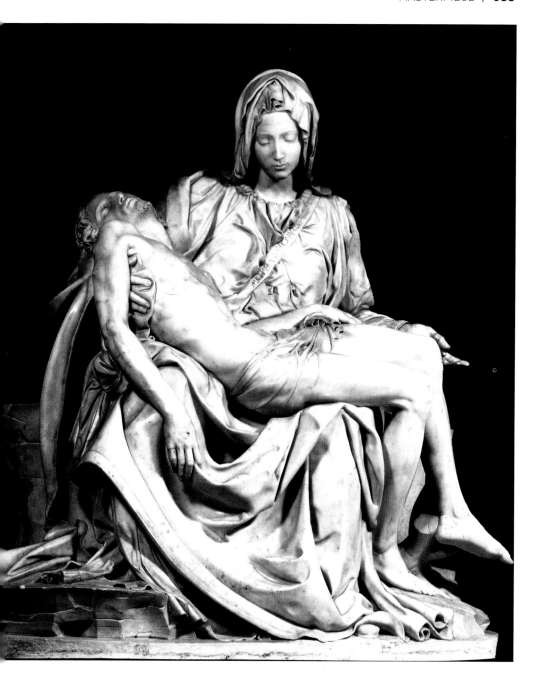

Cattedra Perti
성 베드로의 옥좌

베르니니 최고의 걸작

성 베드로가 초대 교황임을 상징하는 기념물이다. 성 베드로 성당 내부에서 가장 화려한 이 제단은 바로크 조각가 베르니니의 최고 걸작이다. 밑에는 성 어거스틴을 비롯한 서방과 동방의 4명의 교부들이 조각되어 있다. 이 조각들의 크기만 해도 가장 작은 것은 4m 50cm, 큰 것은 5m 50cm에 이른다. 중앙의 원 속에는 성령을 상징하는 비둘기가 하늘에서 비추는 빛을 타고 내려오는 장면이 묘사되어 있다. 주위는 구름에 둘러싸인 천사들이 에워싸고 있다. 성령을 상징하는 비둘기의 날개 길이만 1m 75cm에 달한다. 전체적으로 극적 효과와 역동적인 움직임에 민감했던 조각가 베르니니의 바로크적 취향을 가장 잘 드러낸 걸작이다. 하단의 두 천사는 베드로의 열쇠를 들고 있으며 그 사이에는 교황의 삼중관이 놓여있다.

〈바로크 조각〉
지안 로렌초 베르니니(1598~1680), 1666, 청동, 대리석, 스투코, 높이 약 20m
성 베드로 성당 (Basilica di San Pietro)

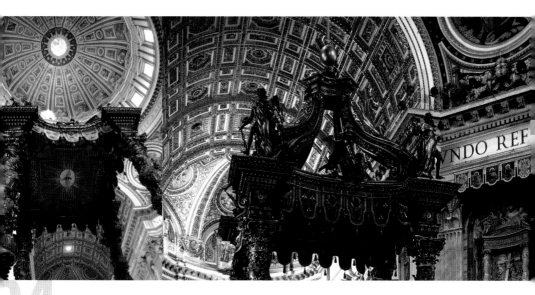

Baldacchino di San Pietro

주 제단의 천개^{天蓋}

제단을 덮은 화려한 지붕

높이 29m의 이 거대한 제단은 성 베드로 성당의 주 제단으로 베르니니가 만든 또 하나의 걸작이다. 1624년에 시작해 10년 후인 1633년에 완성되었다. 육중한 청동 작품임에도 불구하고 주위의 개방된 공간으로 인해 육중함은 많이 상쇄되고 있다. 하지만 건설 당시 많은 비난을 받았다. 원래 보통 성당의 천개는 이동이 가능하도록 나무와 천으로 만들지만 베르니니는 천개가 움직이는 것이 아니라 사람들이 움직여 이곳으로 와야 한다는 생각에 이동이 불가능한 청동으로 만들었다. 주 제단 밑에는 성 베드로의 묘가 자리잡고 있다. 뒤틀려 있는 기둥은 구약에 나오는 솔로몬 신전의 기둥을 모방한 것이다. 천개의 중심부에는 성령을 상징하는 비둘기가 묘사되어 있는데, 그 아래가 교황이 미사를 집전하면서 의식을 행하는 자리이다.

〈바로크 조각〉
지안 로렌초 베르니니(1598~1680), 1633, 청동
성 베드로 성당 (Basilica di San Pietro)

Apollo del Belvedere
벨베데레의 아폴론

르네상스 남성상의 모델

흔히 벨베데레의 아폴론으로 불리는 이 유명한 조각은 기원전 4세기에 활동했던 그리스 청동 조각가 레오카레스의 작품을 서기 2세기경 로마 조각가가 모각한 것이다. 고대 로마는 그리스를 정복한 뒤, 수많은 그리스 청동, 대리석 조각들을 약탈해 궁전과 저택을 장식하는 데 쓰곤 했다. 물량이 달리자 로마에는 많은 공방이 생겨나고, 전문적인 모각이 유행했는데, 이 모각은 판테온에서 부조 작품들이 발견되기 전까지 원본으로 간주될 정도로 뛰어난 미학적 완성도를 보여준다.

〈벨레데레의 아폴론〉은 과장되지 않은 인체 묘사의 은밀하고도 육감적인 매력으로 그리스 조각의 걸작으로 꼽히는 작품이다. 미켈란젤로, 독일 판화가인 뒤러 등을 비롯한 수많은 화가와 조각가들이 완벽한 인체 비례를 보여주는 이 작품의 포즈를 모방하곤 했다. 미켈란젤로의 〈천지창조〉에서도 벨베데레의 아폴론의 포즈를 그대로 모방한 인물을 찾아볼 수 있다. 벨베데레Belvedere는 전망이 좋은 곳 혹은 그런 곳에 지은 정자를 뜻하는 이탈리아 어이다. 바티칸 벨베데레에 있던 조각이어서 이런 이름이 붙게 되었다.

〈고대 그리스 조각〉
기원전 4세기 그리스 청동상을 로마 시대 모각, 대리석, 224cm
바티칸 박물관, 피오 클레멘티노관, 벨베데레의 안뜰 (Musei Vaticani, Museo Pio-Clementino, Cortile ottagonale del Belvedere)

Laocoon
라오콘

헬리니즘 조각의 정수

티투스 황제의 궁전 인근에서 1506년 한 농부가 발견한 이 조각은 기원전 2세기경 그리스 로도스 섬의 조각가가 제작한 것으로, 아폴론 신의 제사장 라오콘의 비극적 최후를 표현하고 있다. 아폴론 신전에서 부인과 사랑을 나누어 신의 노여움을 사게 된 라오콘은 아폴론이 풀어놓은 거대한 뱀들이 두 아들을 위협하자, 이를 구하기 위해 뛰어들었다 함께 죽고 만다. 트로이 전쟁 당시, 제사장이었던 라오콘은 트로이 시내로 목마를 들여오는 것에 반대하면서 목마를 불태워버려야 한다고 주장했었고, 그가 죽자 트로이 시민들은 이를 신의 뜻으로 여기고 목마를 시 안으로 끌어온다. 헬레니즘 시대 조각의 정수가 표현된 이 작품은 발견 즉시 전 유럽의 예술가들로부터 찬사를 받고 그 후 많은 조각에 영향을 끼친다. 미켈란젤로는 작품을 본 뒤 곧바로 교황 율리우스 2세에게 구입을 요청했고, 조각이 바티칸에 들어 오던 날에는 사원의 종이 울리고 축제가 벌어지기도 했다. 예술사가 빙켈만, 독일 비평가이자 극작가 레싱, 괴테 등 많은 예술가 문인들이 이 작품에 대해 긴 글을 쓰며 찬사를 보냈다. 최근에는 이 작품이 기원전 2세기 중엽 그리스 시대의 페르가몬에서 청동으로 제작된 것을 모각한 것일지도 모른다는 가설이 나와 주목을 받고 있다.

〈고대 그리스 조각〉
기원전 2세기, 대리석, 242cm
바티칸 박물관, 피오 클레멘티노관, 벨베데레의 안뜰 (Musei Vaticani, Museo Pio–Clementino, Cortile ottagonale del Belvedere)

Scuola di Atene
아테네 학당

치밀한 구도와 역동적인 인체 표현

교황의 집무실이자 서재에 걸려 있던 작품이다. 4대 학문인 신학, 철학, 법학, 시에 대한 우의적 그림이 그려진 큰 메달 4개가 천장을 장식하고, 벽에는 각 주제를 세부적으로 묘사한 벽화들이 들어가 있다. 그중 〈아테네 학당〉은 철학을 묘사한 작품으로 성 베드로 성당과 비슷한 공간에 고대 철학자, 천문학자, 수학자 등 54명의 인물이 묘사되어 있다. 하지만 인물들의 얼굴은 모두 라파엘로가 활동하던 당시의 예술가들의 얼굴이다. 레오나르도 다 빈치의 얼굴을 한 채 한 손을 들고 이데아에 대해 설명하고 있는 철학자 플라톤, 반대로 지상을 가리키며 현실 세계를 논하고 있는 아리스토텔레스, 그 앞 계단 한복판에 푸른색 망토를 깔고 비스듬히 누워 있는 디오게네스, 화면 왼쪽에 쭈그려 앉아 무언가에 몰두해 있는 수학자 피타고라스 등을 볼 수 있다. 피타고라스 오른쪽에서 명상에 잠겨 있는 그리스 철학자 헤라클레이토스는 미켈란젤로의 얼굴을 하고 있으며, 그 뒤로 열변을 토하고 있는 소크라테스도 보인다.

건물의 궁륭 밖으로는 높고 푸른 하늘이 보이며 좌우 벽감에는 칠현금을 든 음악의 신 아폴론 그리고 전쟁과 지혜의 여신 아테네의 상이 들어가 있다. 치밀한 원근법에 입각해 그려진 상상화이지만 웅장한 규모와 수많은 인물들을 조화롭게 배치한 구성 등은 보는 이들을 압도한다. 무대 같은 공간 속에 배치된 인물들은 한결같이 진지하고 숭고한 자태로 등장한다.

이 그림에서 라파엘로는 레오나르도 다 빈치의 깊이 있는 심리 묘사와 미켈란젤로의 역동적인 인체 표현을 종합하려고 했다.

〈르네상스 회화〉
산치오 라파엘로(1483~1520), 1509~1511, 프레스코화, 579.5x823.5cm
바티칸 박물관, 라파엘로관, 보르고 화재의 방 (Musei Vaticani, Stanze di Raffaello, Stanza dell'Incendio del Borgo)

Disputa del SS. Sacramento
성체 논쟁

지상과 천상을 연결하는 고리

예수의 성체 상징을 두고 좌우에서 교부와 교황들이 마치 서로 성체를 차지하려는 듯한 태도를 보이고 있어서 붙여진 제목인데, 사실은 그림의 주제를 오해해 잘못 붙여진 이름이다. 예수의 성체가 지상과 천상을 연결하는 고리라는 것을 표현하고 있는 점이 이 작품의 핵심이다. 천상의 가장 높은 곳에는 성부가 있고, 그 밑에 동정녀 마리아와 세례 요한을 좌우에 거느린 성자 예수가 있으며, 그 밑에 성령을 상징하는 비둘기가 그려져 있다. 나머지 인물들은 순교자, 예언자, 사도들이다. 지상에는 성체를 중심으로 오른쪽에 월계관을 쓴 단테가 보이며, 르네상스 당시 피렌체의 사제로 영적 부흥을 부르짖다 죽음을 당한 사보나롤라, 수도승이자 화가였던 프라 안젤리코 등의 모습도 보인다. 사람들에 따라서는 〈아테네 학당〉 보다 더 걸작으로 간주하기도 하는 작품이다.

〈르네상스 회화〉
산치오 라파엘로(1483-1520), 1510-1511, 프레스코화
바티칸 박물관, 라파엘로관, 서명의 방 (Musei Vaticani, Stanze di Raffaello, Stanza della Segnatura)

Liberazione di San Pietro
베드로의 탈출

카라바조와 렘브란트를 예고하는 걸작

베드로가 로마의 감옥에 갇히자 천사가 나타나 베드로를 구출해내는 신약 성서의 이야기를 담고 있다. 작품 속 주인공인 성 베드로는 교황을 상징하는 인물로, 이는 곧 아무리 교황에 대한 탄압과 압박이 있어도 신의 손길이 그를 향해 있음을 내포하고 있다. 이런 메시지 외에도 극적인 구성과 초월적인 신성을 나타내는 빛과 어둠의 대비 등으로 인해 카라바조와 렘브란트를 예고하는 선구자적인 걸작으로 평가 받는다. 감옥에 갇힌 베드로가 묶여있던 사슬은 오늘날 로마에 있는 성 베드로 사슬 성당에 보관되어 있다. 콜로세움 인근에 있는 이 성당은 프로이트의 해석으로 유명해진 미켈란젤로의 걸작 〈모세〉 상이 있는 곳이기도 하다.

〈르네상스 회화〉
산치오 라파엘로(1483~1520), 1514, 프레스코화
바티칸 박물관, 라파엘로관, 엘리오도로의 방 (Musei Vaticani, Stanze di Raffaello, Stanza di Eliodoro)

Genesi
천지창조

고된 창작의 고통 끝에 탄생한 대작

미켈란젤로가 시스티나 성당 천장에 그린 프레스코화다. 프레스코Fresco는 이탈리아 어로 회반죽이 마르기 전에 색을 칠하는 기법을 의미한다. 신속하게 그려야 하고, 그린 뒤에 수정이 불가능하기 때문에 뛰어난 감각과 재능이 없으면 그리기 힘든 장르에 속한다. 교황 율리우스 2세는 시스티나 성당의 단순하고 지루한 천장을 다른 그림으로 대체할 생각으로 미켈란젤로에게 작업을 일임한다. 당시 미켈란젤로는 화가라기 보다 조각가로 유명했지만, 다른 화가들이 예술가로서 자신의 능력을 의심하며 음해하자, 선뜻 교황의 주문을 승낙하고 불가능해 보였던 이 과제에 매달리게 된다. 처음에는 12사도를 묘사하는 단순한 그림을 생각했지만, 당시 신학자들을 만나 논의를 하고 조언을 구한 끝에 구약의 〈창세기〉와 〈열왕기〉에 등장하는 광대한 기독교의 신화적 상상의 세계를 묘사하기로 마음을 먹는다. 그러나 평면이 아닌 둥근 천장이 었기 때문에, 중앙의 〈창세기〉와 좌우의 〈열왕기〉만으로는 전체 천장을 다 채울 수가 없었다. 미켈란젤로는 이런 이유로 예언서로 분류되는 구약의 다른 성경들을 참조하며 천장과 벽이 만나는 공간을 채워야만 했다.

〈르네상스 회화〉
미켈란젤로 부오나로티(1474-1564), 1508-1512, 프레스코화, 40.5x13.2m
시스티나 성당 (Cappella Sistina)

단 한 명의 조수도 두지 않고 3년 남짓 작업에 매달린 끝에 마침내 1512년 11월 1일, 모든 예술사가들이 인정하는 서구 회화의 최대 걸작인 〈천지창조〉가 완성된다. 미켈란젤로는 전체 구성을 가다듬고 그림을 그리는 도중에 세부를 변경하지 않도록 하기 위해 엄청난 양의 데생과 습작을 해야만 했다. 그림은 받침대를 타고 올라가 등을 대고 드러누운 상태에서 극심한 육체적 고통에 시달리며 그려야만 했다. 천장 중앙에는 구약 성서의 〈창세기〉, 그 주위로 〈12명의 무녀와 예언자〉, 삼각형 모양의 벽과 반원형 벽면에 〈그리스도의 조상〉 그리고 네 모퉁이에는 〈이스라엘의 역사〉가 각각 그려졌다. 수백 명의 인물이 등장하는 이 작품에서 미켈란젤로의 역동적인 육체 묘사와 그의 종교적 관점을 엿볼 수 있다. 이 작품의 영향을 받지 않은 화가가 없을 만큼, 서구 회화사에 깊은 영향을 끼친 걸작 중의 걸작이다. 로댕은 "나를 돌을 깎는 석공에서 예술가로 만들어 준 것은 미켈란젤로의 작품"이라고 고백하기도 했다. 후일 여러 번의 덧칠과 복원을 거듭해 밝고 웅장한 원작의 느낌이 많이 훼손되었다가, 1982년 일본의 한 방송사 후원으로 체계적인 복원 작업을 통해 원래의 휘황찬란함을 되찾았다.

아담의 창조

〈천지창조〉에서 가장 유명한 작품은 천장 중앙에 자리잡고 있는 〈아담의 창조〉다. 영화 〈E.T.〉에도 사용된 적이 있고 광고에도 여러 번 활용될 정도로 유명한 그림이다. 신이 만물을 창조한 뒤, 마지막으로 흙으로 아담을 빚은 다음 코로 생기를 불어넣었다는 구약의 이야기를 묘사하고 있다. 그러나 그림에서는 코를 통해 생명의 기운을 불어넣는 장면 대신 신이 손을 뻗어 아담의 손을 잡으려는 장면이 등장한다. 미켈란젤로가 손으로 작업을 하는 조각가였다는 사실을 알면 이해할 수 있는 장면이다. 미켈란젤로는 신을 최초의 조각가로 인식하고 있었고 그림을 통해 나타낸 것이다. 또 하나 〈아담의 창조〉에서 흥미로운 것은 건장한 체구에 비해 보잘것없이 작고 축 늘어진 모양으로 묘사된 아담의 성기다. 이는 아직 최초의 인간인 아담의 몸에 어떤 생식 기능이나 에로티시즘이 깃들지 않았다는 것을 일러준다.

원죄

〈천지창조〉에서 또 하나 흥미로운 작품은 〈원죄〉를 묘사한 작품이다. 이브가 사탄으로부터 선악과를 건네 받고 있는 장면과 신의 진노를 사서 에덴 동산에서 추방되는 두 장면이 동시에 묘사되어 있다. 흥미로운 것은 다름 아니라, 뱀의 형상을 하고 나타난 사탄이 여성의 몸으로 묘사되어 있다는 점이다. 그림에서 길게 묘사된 하체 전체가 드러나지는 않았기 때문에 분명하게 여성이라고 단언하기는 어렵다. 하지만 그리스 신화에 등장하는 남녀자웅동체 등이 거론되며, 미켈란젤로의 신학에 대해 논란이 끊이지 않는 이유를 여기서 엿볼 수 있다.

웅장한 종교 서사시와 뛰어난 인체 묘사, 유대주의와 헬레니즘의 만남

〈천지창조〉는 서구 회화사 최고의 걸작이기는 하지만, 천장에 그린 그림이기 때문에 감상하기 힘든 작품이기도 하다. 등이 휠 정도로 그림을 그린 사람도 있었으니, 감상을 하는 어려움 정도는 감수해야 할지도 모르지만, 한참 동안 천장을 쳐다보기가 그리 쉬운 일은 아니다. 이런 이유로 시스티나 성당에 들어서는 많은 이들의 손에는 천장의 그림을 확인할 수 있는 안내 책자나 도판이 들려 있게 마련이다.
가장 눈여겨볼 부분은 웅대한 서사시를 연상하게 하는 전체적인 구도이다. 한 두 작품이 아니라 수십 점의 작품들로 이루어진 연작 형태를 취하고 있기 때문이다. 지상에 결코 모습을 드러낸 적 없는 성부를 대담하게 묘사한 것 또한 주목할 만하다. 〈천지창조〉의 인체 묘사는 미학적으로 그리스 로마의 조각으로부터 왔다. 유대 민족은 양을 키우며 방랑하는 민족이었고, 종교적으로도 우상 숭배는 금지되어 있었기 때문에 조각은 물론이고 그림도 존재하지 않았다. 따라서 〈천지창조〉는 미학적으로 유대 민족과는 아무런 관련이 없는 작품인 것이다. 다시 말해, 르네상스 인이었던 미켈란젤로의 그림에서 그리스 고전주의의 인간에 대한 이해와 히브리 민족의 대서사시가 함께 빛을 발하고 있는 것이다.

〈아담의 창조〉

〈원죄〉

Giudizio Universale
최후의 심판

미켈란젤로의 경건한 신앙 고백

1534년 미켈란젤로는 교황 클레멘스 7세로부터 시스티나 성당의 제단 위 벽에 최후의 심판을 그리라는 명을 받는다. 클레멘스 7세는 신성로마 황제 카를 5세의 군대가 로마를 약탈하는 등 재난이 계속되자, 성소를 침범한 이들에게 신의 심판을 내세워 겁을 주기 위한 의도를 갖고 있었던 것이다. 교황의 사망으로 작업은 잠시 중단되었으나, 뒤를 이은 교황 바오로 3세의 의뢰로 1535년 작업이 재개된다. 그로부터 6년 후인 1541년, 면적 200㎡의 벽면에 391명의 인물이 인간이 취할 수 있는 모든 모습을 취하고 있는 〈최후의 심판〉이 모습을 드러냈다.

이 작품 역시 〈천지창조〉와 마찬가지로 수십 명의 인물이 등장하는 대작으로, 예수와 성모 마리아를 중심으로 천상의 세계, 나팔을 부는 천사들, 사자들의 부활, 승천하는 자들, 지옥으로 끌려가는 무리 등 5개 부분으로 구성되어 있다. 우선 그림의 액자부터 눈여겨볼 필요가 있다. 상단부가 두 개의 아치 형태로 되어있는 그림의 형태는 모세가 시나이 산에서 받았던 율법판의 형태와 똑같다. 그리고 그 끝은 〈천지창조〉와 닿아있다. 이 모든 것들은 우연이 아니라 두 대작을 연결하고 모세에서 메시아 예수로 이어지는 구원의 역사와 모세와 심판자로 재림하는 예수를 연결시키려는 상징적 의미를 지니고 있다.

〈르네상스 회화〉
미켈란젤로 부오나로티(1474-1564), 1534-1541, 프레스코화, 13.7x12.2m
시스티나 성당 (Cappella Sistina)

작품에서 묘사하고 있는 장면은 휴거가 일어나 모든 사람들이 무덤에서 부활하여 하늘로 올라가는 모습이다. 그림 밑에는 지옥으로 끌려가는 가련한 인간들이 그로테스크한 모습으로 묘사되어 있다. 시간 순서를 따라 서술된 〈천지창조〉와는 달리 〈최후의 심판〉에서는 시간이 무너져 내리고 죄의 경중에 따라 모든 인간이 한 공간에 모여있다. 죄가 가벼운 인간들은 하늘로 올라가고 있으며 무거운 죄를 진 사람들은 아래로 가라앉는다. 그림 하단에는 땅을 향해 힘차게 나팔을 불고 있는 인간들과 큰 책을 넘기는 인간이 보인다. 계시록의 예언대로 심판의 날이 시작되었음을 표현하고 있는 것이다. 그림의 정중앙에 있는 예수와 성모는 모든 인간들의 시선을 받고 있다. 특히, 예수 주위로는 기독교 역사를 빛낸 순교자들이 가득 둘러싸고 있다. 이들은 모두 깜짝 놀란 듯한 제스처를 보이며 손을 내밀거나 든 채로 무언가 말을 하고 있으며, 예수는 한 팔을 들어 그들이 하는 말을 물리치며 조용히 하라는 동작을 취하고 있다. 이제 곧 예수의 입에서 천년 왕국이 선포될 찰나인 것이다. 그림이 처음으로 선을 보인 1541년, 로마 시민들은 이전의 고전적 천장화와는 달리 격렬하고 역동적인 움직임을 보이는 이 그림 앞에서 두려움과 경외감을 느끼면서 경악했다. 무엇보다 작품 속의 인물이 모두 나체라는 점이 가장 큰 논란이 되었다. 후일 생식기 부분을 가리기 위해 덧칠 작업이 이루어졌으나, 최근에는 다시 화학약품을 이용해 벽화에 가해진 덧칠, 그을음, 때를 씻어내는 작업이 완료되어 그동안 가려지고 벗겨져 잘 보이지 않던 것들이 선명하게 드러났다.

〈최후의 심판〉 관람 요령

1. 젊고 당당한 체구의 청년으로 묘사된 최후의 심판자 예수는 〈벨베데레의 아폴론〉 상을 모방해서 그려졌다. 르네상스가 고대 그리스 로마로 되돌아가려는 운동에서 비롯된 것인 만큼, 고전적 완벽함을 보여주는 그리스 조각은 당시 조각가들에게 따라야 할 모델이었기 때문에 미켈란젤로만이 아니라 대부분의 예술가들이 〈벨베데레의 아폴론〉 상을 모방해 남성상을 조각하곤 했다.

2. 1536년에 시작해 1541년에 완성된 〈최후의 심판〉은 루터와 칼뱅의 종교개혁이 전 유럽을 혼란 속으로 몰아넣고 있던 때에 그려진 그림이다. 1508년부터 1511년 사이에 그려진 〈천지창조〉의 밝고 힘찬 낙관주의와 〈최후의 심판〉의 어둡고 종말론적인 분위기의 차이는 여기서 나온다.

3. 예수의 왼발 밑에 한 손에는 칼을, 다른 손에는 자신의 가죽을 들고 있는 노인은 성 바르톨로메오다. 예수의 12사도 중한 사람이었던 바르톨로메오는 전설에 의하면 산 채로 피부를 벗기는 형벌로 순교했다고 한다. 그림 속에서 그가 들고 있는 가죽은 이 일화를 묘사한 것인데, 미켈란젤로는 가죽의 얼굴 부분에 사도가 아니라 자신의 얼굴을 그려 넣었다. 이는 자신을 낮추는 겸손을 표현하기 위해서였다.

4. 바르톨로메오 오른쪽 위에서 한 손에는 황금 열쇠를, 다른 손에는 쇠 열쇠를 들고 있는 인물은 초대 교황인 성 베드로이다. 두 열쇠는 각각 천국의 열쇠와 지상의 열쇠를 상징한다.

5. 마리아 옆에 십자가를 들고 있는 인물은 12사도 중 한 사람인 안드레이다. 그리스에서 포교를 하다가 십자가 처형을 당해 늘 십자가와 함께 묘사되며, 흔히 '십자가의 안드레'로 불리는 성자다.

6. 안드레의 아래쪽에서, 사다리처럼 생긴 석쇠를 어깨에 메고 있는 이는 스페인 태생으로 로마 부주교를 지낸 산 로렌초이다. 부주교를 지내다 258년 불에 달구어진 석쇠에 올라가 화형을 당하고 만다. 전설에 의하면 성당에 있는 보물을 내놓으라고 하자 성당에 모여있던 가난한 불구자들을 보여주며 여기에 보물들이 있으니 다 가져가라고 했다고 한다. 베드로의 열쇠, 바르톨로메오의 벗겨진 피부, 안드레의 십자가 등은 각 성자를 묘사할 때 꼭 함께 등장하는 요소이다.

7. 그림 가장 밑부분에는 천벌을 받은 인간들을 지옥으로 실어 나르는 장면이 묘사되어 있다. 그리스 로마 신화에서 죽은 자를 저승으로 건네주는 뱃사공 카론이 기독교의 악마로 분장한 모습을 하고 있다. 트롬본 같은 악기를 불고 있는 장면은 신약 마지막 부분인 〈요한 묵시록〉에 나오는 최후의 심판을 알리는 나팔 소리를 묘사한 것이다.

Theme

다양한 유물과 작품들 사이에는 눈에 보이지 않는 유사성이 존재한다. 이 유사성이 진정한 의미의 테마다. 작품들 사이에 존재하는 유사성 혹은 테마는 하나의 선이나 색일 수도 있고, 또 한 시대의 이데올로기일 수도 있으며, 새로운 것을 향한 열망일 수도 있다. 바티칸의 테마가 신앙이라는 사실에 이의를 달 사람은 없을 것이다.

바티칸에 발을 들여놓으면 영적으로 예민해진다. 모든 것이 이 신앙이라는 테마를 드러내고 있기 때문이다.

초대 교황이었던 성 베드로의 이름을 따라 '성 베드로 성당'이라 지칭하고 있고, 그가 받은 천국의 열쇠는 바티칸의 상징이자 키워드이다. 바티칸의 테마인 신앙은 건물, 벽화, 성화 등 예술로 표현된 신앙이다. 특히 르네상스와 바로크 양식이 두드러지게 적용되어 있다. 이 예술품들은 자신의 권위를 나타내려는 과거의 욕심 많은 교황들이 주문한 것들이기도 하고, 때로는 교양과 학식을 두루 갖춘 교황의 후원으로 제작된 것들이기도 하다. 르네상스가 절제와 균형을 보여준다면, 뒤를 이은 바로크는 정반대의 경향을 보인다. 역동적인 움직임, 신비감을 자아내는 색과 구도들은 작품 앞에 선 사람들에게 잠시 무아지경의 황홀감을 선사한다. 바로크는 종교개혁과 종교전쟁을 거치며 모든 성상화를 거부했던 프로테스탄티즘으로부터 가톨릭을 옹호하기 위해 고안된 미술 양식이기 때문에 때론 너무 지나쳐서 쉽게 싫증이 나기도 한다. 바로크 양식의 대표적인 조각가가 바로 성 베드로 광장과 성당 내부의 주 제단을 만든 베르니니이다.

종교개혁을 통해 가톨릭은 정화 운동을 펼쳤고, 그 결과가 신앙에 학문적 교양과 지식을 접목시키는 것이었다. 자연히 고대 그리스 로마 조각들이 유입되어 박물관을 필요로 하게 되었고, 유대 민족이 노예로 끌려가 살았던 이집트의 유물들도 소장하게 되었다. 최근에는 현대 종교미술도 전시하고 있다.

베드로의 천국의 열쇠가 들어간 바티칸 문장

THEME > 천국의 열쇠를 찾아라
THE KEY OF THE KINGDOM

반석이자 천국의 열쇠인 베드로

"너는 베드로(반석)이다. 내가 이 반석 위에 내 교회를 세울 터인즉 지옥의 권세가 이기지 못 하리라.
내가 너에게 천국의 열쇠를 주노니, 네가 무엇이든지
땅에서 매면 하늘에서도 매일 것이오, 땅에서 풀면 하늘에서도 풀릴 것이라."

신약의 마태복음에 나오는 구절로, 성 베드로 성당은 이 말에 따라 베드로의 묘가 있는 곳에 세워졌다.
성당 곳곳에서 예수로부터 받은 열쇠를 들고 있는 베드로 상을 볼 수 있으며, 시스티나 성당 벽화에서도,
바티칸 시국의 문장 속에서도 이 열쇠를 발견하게 된다. 성 베드로 성당에 있는 또 하나의 열쇠는
다름 아닌 성당 그 자체다. 하늘에서 보면 성당 전체가 열쇠 형상을 하고 있음을 알 수 있다.

PHOTO_ 성 베드로 성당 앞 베드로 상

TAKE ONE

성 베드로 성당 입구의 베드로

성 베드로 광장을 지나 성당으로 들어가기 위해서는 계단을 올라야 하는데, 계단 좌측에 열쇠를 들고 있는 성 베드로 상이 서 있다. 대부분의 사람들이 서둘러 성당 안으로 들어가느라 이를 무심히 스쳐 지나는 경우가 다반사지만, 현재 베드로의 묘가 있던 자리에 세워진 성당인 만큼 베드로 상이 지닌 상징성은 무시할 수 없다. 특히 베드로가 들고 있는 열쇠는 눈여겨 봐야 한다. 이 조각상에 묘사된 베드로는 덥수룩한 수염을 기른 채 긴 두루마리 옷을 입고 한 손에는 문서 다발을, 다른 한 손에는 커다란 황금 열쇠를 쥐고 있다. 문서 다발은 신약에 나오는 베드로서를 상징하고, 열쇠는 예수가 베드로에게 준 천국의 열쇠다.

〈베드로에게 열쇠를 주는 그리스도〉의 일부, 피에트로 페루지노(1445~1523), 1481~1482, 프레스코화, 335x550cm • 시스티나 성당 (Cappella Sistina)
〈최후의 심판〉의 일부, 미켈란젤로 부오나로티(1474~1564), 1534~1541, 프레스코화, 1370x1220cm • 시스티나 성당 (Cappella Sistina)

TAKE TWO

베드로의 열쇠는 왜 두 개일까?

성 베드로 성당 안에 있는 베드로 상과 시스티나 성당에 그려진 〈최후의 심판〉을 비롯해 여러 조각상이나 회화 작품에서 이 열쇠는 베드로의 상징처럼 등장하곤 한다. 베드로를 그린 그림 가운데 라파엘로의 스승 페루지노Perugino가 그린 〈베드로에게 열쇠를 주는 그리스도〉는 가장 유명한 작품 중하나이다. 시스티나 성당의 벽에 그려진 이 프레스코 벽화는 미켈란젤로의 대작 〈천지창조〉와 〈최후의 심판〉에 가려 상대적으로 덜 주목 받지만, 서구 미술사의 걸작으로 꼽히는 작품이다. 원근법, 인물, 건축의 조화 그리고 이야기를 회화의 공간 속에 서술하는 기법 등이 모두 페루지노로부터 나왔으며, 제자 라파엘로는 이 그림과 거의 똑같은 그림을 그리기도 했다. 정확한 원근법으로 그려진 그림 전면에는 무릎을 꿇고 그리스도로부터 열쇠를 받는 베드로가 묘사되어 있다. 좀 더 자세히 들여다보면 열쇠가 하나가 아니라 두 개라는 사실을 알 수 있다. 바티칸 성당 앞에 있는 베드로 상또한 두 개의 열쇠를 포개서 들고 있는데, 이처럼 열쇠가 두 개인 이유는 무엇일까? 답은 마태복음에 있다. "내가 천국 열쇠를 네게 주리니 네가땅에서 무엇이든지 매면 하늘에서도 매일 것이요, 네가 땅에서 풀면 하늘에서도 풀리라"는 성서의 구절에서 알 수 있듯이, 결국은 두 개의 열쇠를통해 그리스도가 베드로에게 한 지상과 천국의 약속을 상징하고 있는 것이다.

PHOTO_ 성 베드로 성당 안의 〈열쇠를 들고 있는 베드로〉. 아르놀포 디 캄비오의 작품으로 추정된다.

TAKE THREE

베드로 상에서 발가락이 사라진 까닭

성 베드로 성당에 있는 모든 베드로 상 중에서 가장 흥미로운 조각은 13세기 말에 제작된 〈열쇠를 들고 있는 베드로〉이다. 아르놀포 디 캄비오의 작품으로 추정되는 180cm의 이 청동 조각에서도 베드로는 어김없이 두 벌의 열쇠를 쥐고 있다. 흥미로운 것은 열쇠를 들고 있는 왼쪽 팔이 마치 골절상을 입은 듯이 붕대 속에 들어가 있다는 점이다. 물론 베드로는 골절을 당하지 않았고 조각에서 왼쪽 팔을 지지하고 있는 것은 붕대가 아니라 긴 옷자락이다. 이는 곧 베드로가 열쇠를 땅에 떨어뜨리지 않으려고 소중하게 다루고 있다는 사실을 묘사한 것인데, 그래서인지 열쇠를 가슴 한가운데에 모아서 소중하게 들고 있다.

교황은 미사를 집전할 때 이 조각을 찾아와 발에 입을 맞추곤 한다. 뿐만 아니라 성당을 찾는 많은 사람들이 받침대 밖으로 나와있는 베드로의 발에 입을 맞추곤 한다. 때론 오랫동안 손으로 잡고 기도를 드리는 사람들도 있는데, 그래서인지 다 닳아서 발가락의 구분이 없어져 버렸다. 만일 열쇠를 조각에서처럼 한 손으로 움켜쥐고 그 손을 옷자락 속에 넣지 않았다면 누군가 열쇠를 가져갔을지도 모른다. 발가락이 뭉개질 정도로 수많은 사람들이 입을 맞춘 베드로의 발을 보면 베드로가 열쇠를 움켜쥐고 있는 이유를 알 것도 같다. 베드로의 제스처와 표정이 마치 "열쇠만은 안 된다"는 메시지를 전하고 있는 것만 같다. 실제로 유럽의 많은 성당의 문고리나 예수의 손이 닳아 없어지거나 도난을 당하는 일이 자주 벌어지곤 한다.

〈베드로의 순교〉, 카라바지오(15?), 1610? 1600, 캔바스에 유채, 230×75cm, 로마 산타 마리아 델 포폴로 성당

THEME > 바티칸 잔혹사

THE VATICAN'S
CRUEL HISTORY

바티칸, 굴욕의 순간들

세계 기독교의 총 본산인 바티칸에는 영광의 날도 많았지만, 굴욕의 순간도 많았다.
초대 교황으로 추대된 성 베드로가 순교를 하면서 시작된 바티칸 역사는 처음부터 순조롭지 못했다.
이 영욕의 역사는 바티칸 잔혹사로 불러도 무방할 만큼 온갖 잔인하고 끔찍한 사건들로 점철되어 있다.
바티칸 역사의 중요 사건들을 살펴보면 바티칸과 교황의 의미를 보다 쉽게 이해할 수 있으며,
성 베드로 성당과 박물관 관람이 한층 흥미롭다.

〈교황 포르모수스와 스테파누스 7세〉 장 폴 로렌(1838-1931), 1870, 캔버스에 유채, 100x152cm, 낭트 보자르 박물관 소장

TAKE ONE

시신 재판

897년, 새로 교황 자리에 오른 스테파누스 6세는 타락한 로마인들의 권력 투쟁 과정에서 자신을 물리치고 교황 자리에 올랐던 전임 교황 포르모수스가 죽자 10개월이 지난 시신을 파내어 옷을 입힌 채로 공의회를 소집해 시신 재판을 열었다. 당대의 증언들이 상세하게 전하고 있는 이 '엽기적인 사건'은 교황권을 둘러싼 권력투쟁의 신호탄이었다. 이후 한 세기 동안 교황과 반대파가 옹립한 44명의 대립교황이 즉위했고, 이 중 9명은 암살당했으며 7명은 중도에 폐위되었다. 이 시기를 이른바 '창녀 정치' 시대라고 부르는데, 로마의 한 가문의 여인들이 권력을 쥐락펴락했기 때문이다. 유부녀의 침대 속에서 암살당한 교황, 돈을 받고 교황권을 넘긴 교황도 생겨났다. 정부를 두는 것은 예사였고, 사생아 신분의 아들을 조카로 둔갑시켜 평생 가까이에 두고 출세 시킨 교황도 있었다. 물론 사악하고 타락한 교황만 있었던 것은 아니다. 성품이 어질고 학문적으로 높은 경지에 오른 교황들이 많이 있었기에 오늘날 까지 바티칸이 존재할 수 있었다는 사실도 간과할 수 없다.

TAKE TWO

따귀를 맞은 교황과 아비뇽 유수

교황권과 황제권의 대립은 신성로마 황제가 교황을 임명하느냐, 아니면 교황이 황제를 임명하느냐의 문제를 둘러싸고 일어난 서임권 투쟁으로 이어졌고 이는 유럽 중세사를 피로 물들이며 오랫동안 지속되었다. 신성로마 황제 하인리히 4세와 교황 그레고리우스 7세는 서로 파문과 폐위를 외치며 맞섰다. 11세기 말에는 자신의 약세를 인정한 황제가 이탈리아 북부 카노사 성에 있던 교황을 찾아가 추운 겨울 맨발로 3일간 용서를 빌었던 일명 '카노사의 굴욕'이라 부르는 사건이 있었다. 겉으로 보기엔 교황이 승리한 것 같았지만, 한편으로는 교황의 권위 역시 언제든지 도전 받을 수 있다는 것을 보여준 사건이기도 했다. 그 후 약 200년이 흐른 1303년, 프랑스 왕 필립의 위협에 시달리던 교황 보니파키우스 8세는 이탈리아 아나니의 한 성에 피신해 있다가 성에 난입한 필립의 부하들에게 따귀를 맞는 굴욕을 당한다. 교황은 이 충격으로 며칠 후 숨을 거두고 만다. 이러한 사건들은 교황권의 시련을 상징하는 사건이었다. 교황이 따귀를 맞는 굴욕을 당한 이후 프랑스 출신의 교황이 자리에 들어서자 교황궁을 아예 로마에서 프랑스 아비뇽으로 옮겨 버렸다. 흔히 세계사에서 '아비뇽의 유수'로 불리는 이 사건의 본질 역시 황제권과 교황권의 갈등에 있었다. 약 70년 동안 진행된 이 아비뇽의 유수는 바티칸 잔혹사의 빼놓을 수 없는 사건이다. 현재 프랑스 남쪽 지방에 있는 아비뇽에 가면 옛 교황궁을 볼 수 있다.

TAKE THREE

카를 대제의 로마 침공

"5월 6일, 우리는 로마를 공격해서 6천 명 이상을 죽이고, 전 도시를 약탈했으며 모든 교회와 집에 있는 것들을 가져갔고, 도시의 대부분을 불태웠다." 1527년 카를 대제가 로마를 공격할 때 함께 했던 한 지휘관이 훗일 고백한 글이다. 남부 독일의 주민들은 자신들을 루터파 신교도라는 이유로 박해했던 교황권에 반기를 들고 신성로마 황제의 출정명령에 기꺼이 따랐다. 대부분 민간인이었던 이들은 군복도 입지 않은 채 전쟁에 참가했는데, 당시 로마는 베네치아 다음으로 부자들이 많은 도시로 알려져 있었기 때문에, 이를 점령하면 한몫 잡을 수 있다는 생각을 갖고 있기도 했다. 교황을 지키기 위해 스위스 용병들로 구성된 근위대는 성 베드로 광장에서 카를 대제의 군대를 맞아 용감하게 싸우다 전원 전사한다. 이 카를 대제의 로마 침공과 약탈은 피렌체와 로마에서 시작된 르네상스에 종지부를 찍은 중요한 사건이다. 당시 파괴된 작품은 헤아릴 수 없이 많았으며 라파엘로를 따르던 제자들도 모두 떠나버렸다. 현재의 웅장한 성 베드로 성당도 이후 바티칸을 재건하기 위해 세워진 것이다.

TAKE FOUR

나폴레옹의 약탈

이런 수난은 19세기 초, 나폴레옹이 로마를 점령하면서 다시 재현되었다. 파리까지 끌려가 강제로 나폴레옹의 대관식에 참여해야만 했던 교황 피우스 7세는 자신의 눈 앞에서 수많은 고대 유물과 예술 작품이 나폴레옹 군대에 의해 약탈되는 것을 목격해야만 했다. 〈벨베데레의 아폴론〉, 〈라오콘〉 등이 모두 파리로 실려갔었다. 나폴레옹은 이렇게 약탈해 온 작품들을 루브르에 전시하고 새로 맞이한 오스트리아 황비 마리 루이즈와 함께 찾아와 즐기곤 했다.

나폴레옹이 쫓겨나고 나서 이 유물들은 대부분 다시 바티칸으로 되돌아왔고, 되찾은 유물들을 보관하기 위해 교황은 당시 최고의 조각가인 안토니오 카노바에게 새로운 박물관을 짓도록 했는데, 이것이 바로 키아라몬티관이다. 바티칸 박물관에 속해 있는 이곳에는 천여 점이 넘는 걸작 조각들이 소장되어 있다.

그림 로마에서 아폴로를 온 라오콘 일 군상을 감상하기 위해 모인 나폴레옹과 사람들을 묘사한 판화 / 라테라노 협정을 표현한 당시 한 독일 잡지의 표지 삽화

TAKE FIVE

라테라노 협정, 무솔리니와 손을 잡은 교황

1917년 러시아 공산 혁명이 일어나고 1929년에는 뉴욕 월 스트리트의 주식시장 붕괴로 인해 경제 공황이 일어나면서 전 세계가 혼란에 빠진다. 공산주의의 위협 속에서 극우 독재자 무솔리니가 정권을 잡자 약 1세기 이상 끌어오던 통일 이탈리아와 바티칸의 관계에 변화가 일어난다. 초라한 신세로 전락한 바티칸은 결국 이탈리아와 라테라노 협정을 맺게 된다. 많은 이들이 파시스트와 결탁했다고 당시 교황 피우스 11세를 비난했지만, 그로서도 달리 뾰족한 방법은 없었다. 바로 이 협정을 통해 인구 천 명의 바티칸 시국이 탄생했으며, 교황은 세계에서 가장 작은 인구를 지닌 소국 바티칸 정부의 수반이 되었다. 이 협정을 통해 권력의 합법성을 공인 받은 무솔리니는 이를 기리기 위해 성 베드로 성당으로 이어지는 비아 델라 콘칠리아지오네Via della Conciliazione, 즉 '화해의 길'을 조성한다. 무솔리니에게 화해를 의미했던 이 길은 바티칸으로서는 어쩔 수 없이 받아들인 '굴욕의 길'로 남아있다.

THEME > 베르니니가 없었다면
THE MASTER OF
ROMAN BAROQUE

PHOTO_ 〈4대 강 분수〉 지안 로렌초 베르니니(1598~1680), 1648~1651, 로마 나보나 광장

도시 전체가 베르니니의 작품

17세기는 미술사에서 흔히 바로크 시대로 불린다. 포르투갈 어로 '찌그러진 진주'를 뜻하는 이 말은 원래는 보석 세공사들이 쓰던 용어였다. 처음에는 미학적 규범을 벗어난 괴이한 작품을 일컫는 말이었지만 19세기 후반 미술사가들에 의해 긍정적인 평가를 받으며, 이상적인 미를 추구하는 고전주의와 대립되는 개념으로 받아들여졌다.

지안 로렌초 베르니니는 바로크의 최대 대가다. 그가 아니었다면, 로마는 밋밋한 도시로 남았을지도 모른다. 성 베드로 성당과 광장을 완성한 인물로, 바티칸만이 아니라 로마 곳곳에 그의 작품들이 흩어져 있어서 '바로크 로마'는 베르니니의 작품이라고 말할 수 있을 정도다. 나보나 광장의 분수, 산타 마리아 델라 비토리아 성당의 〈성녀 테레사의 신비 체험〉 등도 모두 그의 작품이다. 연극적인 구성과 인물들의 움직임을 강조한 역동적인 묘사, 이를 통해 초자연적 신비감을 불러일으키는 미학적 효과 등이 바로크의 중요한 특징이라 할 수 있는데, 베르니니의 작품에서 바로크의 이 모든 특징들이 구현된다.

〈교황 우르바누스 8세 기념조각〉 지안 로렌초 베르니니(1598-1680), 1627-1647, 도금 청동, 대리석 • 성 베드로 성당 (Basilica di San Pietro)

〈교황 알렉산드르 7세 기념조각〉 지안 로렌초 베르니니(1598~1680), 1671~1678, 대리석 · 성 베드로 성당 (Basilica di San Pietro)

TAKE ONE

바로크의 대가, 베르니니

이런 이유로 베르니니는 반종교개혁의 선봉에 선 예술가였다. 루터와 칼뱅이 일으킨 종교개혁은 가톨릭과 교황권을 위협한 가장 큰 사건이었다. 교황들은 순수 복음에 위배된다며 모든 성상화를 금지한 이 프로테스탄티즘에 맞서 건축, 성화, 조각을 통해 초자연적인 기독교의 신비를 나타내고자 했다. 이렇게 해서 탄생한 미술 사조가 바로크였고, 그 대가가 바로 베르니니였던 것이다.

바티칸에서 베르니니의 작품은 가장 중요한 자리를 차지하고 있으며, 그 수도 엄청나다. 성 베드로 성당 내부에서는 제단 이외에도, 교황 우르바누스 8세 기념조각, 교황 알렉산드르 7세 기념조각 등이 베르니니의 진수를 보여주는 작품들이다. 성당의 궁륭을 받치고 있는 네 개의 기둥에는 한 손으로 긴 창을 들고 있는 성 롱기노스의 조각이 있는데, 이것 또한 베르니니의 작품이다. 성 롱기노스는 예수가 십자가에 못 박혀 숨을 거두었을 때 창으로 옆구리를 찔러 피를 흘리게 한 로마 병사로 후일 기독교로 개종했으며, 당시 쓰인 창은 성유물로 바티칸에 소장되어 있다.

〈콘스탄티누스 황제〉 지안 로렌초 베르니니(1598~1680), 1670, 대리석 · 성 베드로 성당 입구 오른쪽 (Basilica di San Pietro)
〈샤를마뉴 황제〉 아고스티노 코르나치니(1683~1754), 1725, 청동 · 성 베드로 성당 입구 왼쪽 (Basilica di San Pietro)

TAKE TWO

기마상에 표현된 바로크적 특징

베르니니의 바로크적 특징을 가장 잘 엿볼 수 있는 작품은 성 베드로 성당 안으로 들어가기 직전 입구 오른쪽에 있는 〈콘스탄티누스 황제〉 상이다. 1670년 72살의 늙은 몸으로 제작한 작품이지만, 젊은 조각가의 작품이라고 해도 의심하지 않을 만큼, 힘차고 위풍당당한 면모를 보여주는 기마상 이다. 특히 두 발을 쳐들고 포효하는 말 묘사는 베르니니 기마상의 주요 특징 중 하나로, 이 작품에서도 그 힘찬 모습이 유감없이 발휘되고 있다. 말의 꼬리와 갈기는 마치 신비한 힘에 이끌린 듯 생동감 넘치며, 기독교를 공인한 로마 황제 콘스탄티누스 역시 한 손을 높이 들고 하늘을 우러러 보는 극적인 장면의 주인공으로 묘사되어 있다. 이 작품을 건너편 아고스티노 코르나치니가 제작한 〈샤를마뉴 황제〉 상과 비교해 보면 베르니니의 바로크적 특징을 한눈에 확인할 수 있다.

이처럼 역동적이고 초자연적인 분위기가 넘쳐나는 기마상으로 인해, 베르니니는 17세기 유럽의 최강국이었던 프랑스 궁정에 초대를 받아 태양왕 루이 14세의 기마상을 제작하기도 했다. 그러나 당시 프랑스는 바로크를 인정하지 않던 고전주의 시대였고, 자연히 베르니니의 기마상은 루이 14세 로부터 혹된 질책을 당해 파괴될 위기에 처하게 된다. 다행히 다른 조각가가 말 위의 루이 14세를 그리스 신화 속의 다른 인물로 변형시켜 베르사유 궁에 보존한 덕에 오늘날까지 남아있을 수 있었다. 현재 루브르 박물관 유리 피라미드 앞에 세워져 있는 기마상이 바로 베르니니의 작품으로, 두 앞발을 치켜든 채로 포효하는 말 위에 루이 14세가 올라가 있다.

PHOTO. 베르니니가 제작한 성 베드로 광장의 열주 회랑

TAKE THREE

바로크의 도시, 로마의 연출자

유럽인들에게는 '영원의 도시' 이자, 영화를 사랑하는 사람들에게는 '무방비 도시' 이기도 한 로마는 미술사의 관점에서 보면 르네상스와 바로크의 도시이기도 하다. 이처럼 로마는 '모든 길은 로마로 통하는' 고대 로마에서 시작해 미켈란젤로와 라파엘로의 르네상스를 거치고, 베르니니의 바로크로 이어진다. 결국 베르니니는 바로 이 '바로크 로마' 의 연출자였던 셈이다.

PHOTO: 성 베드로 성당 돔에서 내려다 본 바티칸 정원

THEME > 바티칸 정원

GIARDINI VATICANI

벨베데레 정원과 솔방울 정원

바티칸 정원은 무료 입장이 가능한 곳과 예약을 해야만 볼 수 있는 곳으로 나뉜다. 벨베데레 정원, 솔방울 정원 등은 무료 입장이 가능하며, 그 외의 관람은 미리 예약을 문의해야 한다. 예약 일정이 잡히면, 보통 2~3일 전에 성 베드로 광장 좌측의 관광안내소에서 티켓을 찾아야 한다.

PHOTO_ 성 베드로 성당 뒤편의 벨베데레 정원

T A K E   O N E

벨베데레 정원Giardino del Belvedere

성 베드로 성당의 돔이 보여주는 위용을 가장 잘 감상할 수 있는 곳이 성당 뒤편의 벨베데레 정원이다. 벨베데레는 '좋은 전망'이라는 뜻으로, 옛날에 언덕 위에서 로마를 굽어볼 수 있는 곳이어서 붙여진 이름이다. 현재는 분수와 세계 여러 나라에서 선물한 기념물이 이곳에 자리잡고 있다. 24만㎡에 달하는 면적을 차지하고 있는 벨베데레 정원은 아름다운 꽃들과 거대한 떡갈나무, 오래된 분수들로 목가적인 분위기를 풍긴다. 정원 한가운데에는 작은 여름 별장도 있는데, 1560년 교황 피우스 4세를 위해 건축한 것이다. 정원에는 중세 요새의 흔적들도 남아있다.

PHOTO_ 솔방울 정원의 청동 솔방울 조각

TAKE TWO

솔방울 정원Cortile della Pigna

솔방울 정원은 거대한 청동 솔방울이 있어서 붙여진 이름이다. 이 청동 솔방울은 서기
1세기경 과거의 성 베드로 성당에 있던 조각이다. 로마의 이시스 여신의 신전에 있던
조각을 가져다 놓았던 것인데 풍요와 다산을 상징하는 조각이다. 이시스 여신이 이집트의
신이었기 때문에 솔방울 앞뒤로는 이집트에서 가져온 사자상과 기타 조각 들이 장식되어
있다.

솔방울로 올라가는 양방향 계단은 미켈란젤로의 작품이다. 솔방울을 감싸고 있는 반구형의
건물은 16세기에 세워진 것이고 솔방울 정원 한가운데 있는 황동으로 제작된 지름 4m의
커다란 구는 우주의 신비를 형상화한 이탈리아 현대 조각가 아르날도 포모도로의 작품인
〈구 속의 구〉이다. 이 정원 끝에는 피오 클레멘티노관이 있는데, 팔각형으로 이루어진
벨베데레의 안뜰에 〈라오콘〉 등 고대 조각들이 전시되어 있다.

OTHER MASTERPIECES IN SISTINE CHAPEL

미켈란젤로의 명성에 가려진 시스티나 성당의 걸작들

시스티나 성당의 천장과 정면의 벽에는 서구 회화사 최대의 걸작으로 꼽히는 미켈란젤로의 〈천지창조〉와 〈최후의 심판〉이 그려져 있다. 많은 사람들이 성당 안에 발을 들여놓자마자 그 유명한 작품의 원본을 마주한다는 사실에 가슴 벅차하곤 한다. 그래서인지 성당 양쪽 벽면에 그려진 다른 벽화들은 관심조차 끌지 못한다.

살아있는 동안에도 출중한 재능으로 주변의 시기와 질투에 시달렸던 미켈란젤로는 죽은 뒤에도 오래도록 이 벽화를 그린 당대 최고의 화가들을 섭섭하게 만들고 있는 것이다.

시스티나 성당에는 미켈란젤로의 작품 외에도 〈최후의 심판〉을 중심으로 왼쪽 벽과 오른쪽 벽에 각각 '모세의 일생'과 '예수의 일생'을 주제로 한 벽화들이 6전씩 그려져 있다. 라파엘로의 스승이자, 당시 최고의 화가로 존경을 받았던 페루지노가 여러 제자들의 도움을 받아 완성한 작품들이다. 르네상스가 일어난 토스카나와 움브리아 지방의 걸작들로서 미술사에서는 초기 르네상스의 최고 걸작으로 평가 받는다. 미술사에서도 빠지지 않고 등장하는 작품들이다. 거의 같은 시기에 그려진 비슷한 크기의 그림들로 이루어져 있으며, 12점의 벽화 중 페루지노가 그린 〈베드로에게 열쇠를 주는 그리스도〉가 최고의 걸작으로 꼽힌다. 처음에는 12점이 아니라 16점의 그림이 있었는데, 미켈란젤로의 그림이 그려지면서 두 점이 지워졌고, 입구에 있던 두 점은 벽이 무너지면서 함께 사라졌다.

〈예수의 세례〉 피에트로 페루지노(1445-1523), 1482, 프레스코화, 335x540cm • 시스티나 성당 (Cappella Sistina)

TAKE ONE

예수의 일생 연작 중 〈예수의 세례〉

이 그림 역시 좌우대칭과 인물 군상에 대한 균형 잡힌 구도 등으로 많은 사랑을 받고 있는 작품이다. 초월적 비전과 자연 풍경의 조화는 상호 모순되는 요소들이지만, 예수 일생에 관련된 여러 장면들이 한 화면에 등장하고 있다. 그림의 중앙에는 가장 핵심적인 테마인 예수의 세례가 들어가 있다. 서정적이고 세밀한 묘사를 통해 자연과 초자연의 공존이 잘 드러나 있는 작품이다.

〈모세의 청년기〉 산드로 보티첼리(1445-1510), 1482, 프레스코화, 348x558cm • 시스티나 성당 (Cappella Sistina)

TAKE TWO

모세의 일생 중 〈모세의 청년기〉

성당의 왼편 벽을 장식하고 있는 연작 〈모세의 일생〉의 한 장면이다. 보티첼리는 한 화면에 시간 순서를 무시하고 여러 이야기를 담아 내고 있다. 페루지노와 달리 보티첼리의 묘사는 사물들의 윤곽을 훨씬 중시하고 있으며, 굽이치는 듯한 곡선은 사물에 화려한 분위기를 부여하고 있다. 특히 그림 중앙에 있는 두 여인은 옷 속에 비치는 몸매가 고스란히 느껴질 정도로 아름답게 묘사되어 있으며, 마치 춤을 추는 듯한 우아한 자태를 보이고 있다. 이러한 묘사는 3년 후에 그려질 보티첼리의 〈비너스의 탄생〉을 예고하고 있음을 알 수 있다. 보티첼리는 한동안 신화화를 그리다가, 이후 세속적인 그림을 멀리하고 성화에만 몰두한다.

TAKE THREE

예수의 일생 중 〈최후의 만찬〉

예수의 일생을 묘사한 그림들 중 하나인 〈최후의 만찬〉은 레오나르도 다 빈치의 벽화로 유명하지만, 비단 레오나르도만이 아니라 많은 화가들이 그린 성화의 한 장르였다. 같은 주제를 시대마다, 화가마다 다르게 묘사를 하곤 했는데, 코지모 로셀리의 〈최후의 만찬〉 역시 여러 가지 면에서 흥미로운 작품이다.

우선, 예수가 살아있던 당시에는 빵과 포도주만 차려 놓고 초라한 방에서 이루어진 최후의 만찬을 화가가 호화로운 궁정에 배치시키고 있다는 점이 눈에 띤다. 금박 장식의 화려한 기둥과 천장은 화가가 왕궁이나 대귀족의 저택을 모델로 삼았음을 일러 준다. 그림을 잘 보면, 식탁에 달랑 잔 하나만 놓여있고 아직 음식이 놓여있지 않은 것을 알 수 있다. 이 잔이 성배인데, 화가는 일부러 이 성배를 강조하기 위해서 다른 화가들의 그림과는 달리 식탁에 아무것도 올려 놓지 않았다. 그림 중앙에 있는 큰 포도주 병들이 일러주듯이 그림 좌우에 서 있는 네 명의 하인들이 곧 음식을 차릴 것이다. 머리 위에 광배가 없는 것만으로도 이들의 신분을 짐작할 수 있지만, 긴 수건을 목에 걸고 있거나 개가 앞발을 들고 아는 척을 하고

〈최후의 만찬〉 코지모 로셀리(1439~1507), 1481~1482, 프레스코화, 349x570cm • 시스티나 성당 (Cappella Sistina)

있는 것을 보면 좌우의 이 인물들이 하인임을 알 수 있다.

그림 중앙 하단에는 개와 고양이가 뼈다귀 하나를 놓고 서로 으르렁거리고 다투고 있다. 성스러운 성화에, 그것도 최후의 만찬이 진행되려는 순간에 개와 고양이가 등장하고 있어서 어리둥절할 수도 있지만, 영혼이 없는 짐승이라는 존재를 통해 영적 존재인 예수와 12사도를 강조하고 있다. 이렇게 해서 짐승과 인간, 초월적 영적 존재의 세 위계가 한 그림 안에 담겨 있는 것이다.

또한 배경에 그려진 세 점의 작은 그림들도 흥미롭다. 세 벽화는 왼쪽에서부터 각각 골고다 언덕에서의 기도, 로마 병사들의 예수 체포, 십자가 처형이 묘사되어 있다. 하지만 최후의 만찬 이후 예수가 십자가에서 죽게 되는 것이니, 〈최후의 만찬〉과 이 세 그림의 시간 순서는 앞뒤가 맞지 않는다. 이처럼 성화라는 장르에서는 종종 인간적인 시간 관념을 초월하곤 한다.

또 한 가지 흥미로운 것은 예수를 팔아 넘기는 유다가 성배를 가운데 놓고 예수와 마주앉아 있다는 점이다. 그림 속 유다의 머리 위에 있는 광배는 납빛이고, 유다의 등 위로 작은 사탄이 올라탄 채 무언가를 귀에 속삭이고 있는 것을 볼 수 있다. 이러한 묘사들에서 알 수 있듯이 르네상스 당시의 화가들은 그림을 즉흥적으로 그리지 않고, 오랜 숙고를 통해 작품 곳곳에 비유와 상징들을 배치함으로써 한 편의 서사적인 이야기를 펼쳐 보이곤 했다.

〈시험 받는 예수〉 산드로 보티첼리(1445-1510), 1482

〈베드로와 안드레의 소명〉 도메니코 기를란다요 (1449-1494), 1480

〈산상수훈〉 코지모 로셀리(1439-1507), 피에로 디 코지모 (1462-1521), 1481

〈홍해의 기적〉 코지모 로셀리(1439-1507), 1482

```
12    11    10    9    8    7    0    1    2    3    4    5    6
```

〈율법을 받는 모세〉 코지모 로셀리(1439–1507), 피에로 디 코지모(1462–1521), 1481–1482

〈반란자의 처벌〉 산드로 보티첼리(1445–1510), 1481–1482

〈모세의 유언〉 루카 시뇨렐리(1450–1523), 1482

〈모세의 이집트 여행〉 피에트로 페루지노(1445–1523), 1482

시스티나 성당 도면

0. 〈최후의 심판〉 미켈란젤로 부오나로티((1474–1564), 1508–1512
1. 〈시험 받는 예수〉 산드로 보티첼리(1445–1510), 1482
2. 〈예수의 세례〉 피에트로 페루지노(1445–1523), 1482
3. 〈베드로와 안드레의 소명〉 도메니코 기를란다요
   (1449–1494), 1480
4. 〈산상수훈〉 코지모 로셀리(1439–1507), 피에로 디 코지모
   (1462–1521), 1481
5. 〈베드로에게 열쇠를 주는 그리스도〉 피에트로 페루지노
   (1445–1523), 1481–1482

6. 〈최후의 만찬〉 코지모 로셀리(1439–1507), 1481–1482
7. 〈모세의 이집트 여행〉 피에트로 페루지노(1445–1523), 1482
8. 〈모세의 청년기〉 산드로 보티첼리(1445–1510), 1482
9. 〈홍해의 기적〉 코지모 로셀리(1439–1507), 1482
10. 〈율법을 받는 모세〉 코지모 로셀리(1439–1507),
    피에로 디 코지모(1462–1521), 1481–1482
11. 〈반란자의 처벌〉 산드로 보티첼리(1445–1510), 1481–1482
12. 〈모세의 유언〉 루카 시뇨렐리(1450–1523), 1482

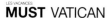

THEME > 바티칸 박물관, 서구 예술의 원천

THE SOURCE OF EUROPEAN ART, VATICAN MUSEUM

바티칸 박물관이 특별한 이유

"예술가들은 혼자 창조하는 것이 아니라 거의 언제나 다른 예술가들의 작품을 참고하며 창조한다."
20세기 프랑스 유명 소설가이자, 드골 정부의 문화부 장관을 지내기도 했던 앙드레 말로가 한 말이다. 말로의 말대로,
미켈란젤로가 없는 로댕은 생각할 수 없으며, 밀레가 없었다면 반 고흐 역시 존재하지 않았을 것이다.
이것은 곧 미술 작품의 양식이나 묘사 기법 혹은 주제마저도 순수하게 독창적인 것은 없다는 사실을 의미한다.
이러한 맥락에서 보면 미술사는 묘사 대상인 미와 기법, 양식과 주제들이 시대와 작가에 따라 조금씩 변형되어 온 것이라고
말할 수 있다. 바티칸 박물관은 후대의 많은 예술가들이 모델로 삼았던 작품들의 원형이 다수 소장되어 있는 곳이다.
이 점이 바티칸 박물관의 가장 큰 매력이자, 서구의 여러 박물관과 미술관들 가운데
바티칸 박물관이 중요한 위치를 차지하고 있는 이유이다.

PHOTO_ 베르사유에 있는 라오콘 조각
라오콘의 이미지를 활용한 미켈란젤로의 〈최후의 심판〉 속 인물

TAKE ONE

시대와 장르를 뛰어 넘어 이루어진 대가들의 만남, 〈라오콘〉과 〈최후의 심판〉

〈라오콘〉은 1506년 로마에서 한 농부가 발견한 기원전 2세기경 작품이다. 두 마리의 왕뱀에게 물려 죽는 트로이의 제사장 라오콘과 두 아들을 묘사한 조각으로, 발견 당시부터 수많은 예술가들을 사로잡았고 이후 데생과 조각들을 통해 헤아릴 수 없이 모사 또는 복제되었다. 베르사유 궁의 정원에도 이 작품의 복제품이 있다. 그리스 헬레니즘 시대 조각의 정수가 표현된 이 작품은 예술가들은 물론, 예술사가 빙켈만, 독일 비평가이자 극작가 레싱, 괴테 등에게 영향을 주어 미술사와 미학이라는 학문이 탄생하는 데 일조하기도 했다. 미켈란젤로 역시 이 작품에서 큰 영향을 받아, 〈최후의 심판〉에서 거대한 뱀이 지옥의 심판자 미노스의 몸을 물고 있는 장면을 묘사하면서 〈라오콘〉의 장면을 거의 그대로 사용했다. 성기를 뱀에 물린 인물은 당시 미켈란젤로를 미워하던 사람이었다. 그는 자신의 얼굴을 알아보고 교황에게 그림 수정을 요구했으나, 교황은 "신이 하신 심판을 내가 어떻게 고치겠는가."라며 이를 거절했다.

〈크니도스의 비너스〉 대리석 모각

• 바티칸 박물관, 피오 클레멘티노관, 가면의 방 (Musei Vaticani, Museo Pio-Clementino, Gabinetto delle Maschere)

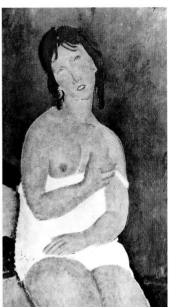

〈비너스의 탄생〉 산드로 보티첼리(1445~1510), 1485, 캔버스에 템페라, 172.5x278.5cm, 피렌체 우피치 미술관 소장
〈앉아있는 여인 누드〉 아메데오 모딜리아니(1884~1920)

TAKE TWO

〈크니도스의 비너스〉와 보티첼리의 비너스, 모딜리아니의 나부들

〈크니도스의 비너스〉는 기원전 4세기경, 고대 그리스의 유명한 조각가인 프락시텔레스Praciteles가 제작한 작품이다. 바티칸에 있는 작품은 그리스 시대의 원본을 로마 시대에 모각한 것이다. 소아시아 크니도스의 신전에 놓여있던 작품인데, 그리스 조각사 최초의 누드 조각이었을 뿐만 아니라 그리스 여인 조각의 최고 걸작으로 꼽힐 만큼 예술적 완성도도 뛰어나다. 묘사된 여인을 보면 한 발을 살짝 들고 다른 발에 무게 중심을 이동시키며 허리를 비틀고 있는데, 이른바 '콘트라포스토Contraposto'라고 하는 이 포즈는 프락시텔레스의 작품 이후 하나의 규범으로 정해졌다. 이 자세는 중세 천 년의 암흑기를 지나 보티첼리가 그린 르네상스 최초의 누드화 〈비너스의 탄생〉에서 다시 부활했고, 이후 회화와 조각 등 헤아릴 수도 없이 많이 제작된 비너스의 원형으로 자리 잡았다. 특히 앵그르의 〈샘〉은 비너스의 이런 자세를 가장 완벽하게 구현한 작품으로 손꼽히며, 양손으로 각각 음부와 가슴을 가리고 있는 포즈는 20세기 초 활동한 모딜리아니의 여인 누드에서도 반복되고 있다.

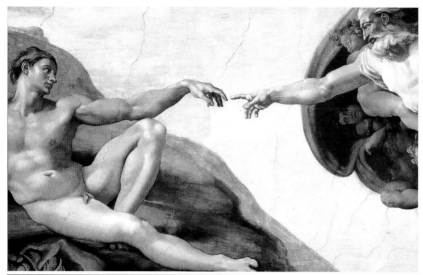

미켈란젤로의 시스티나 성당 벽화 〈천지창조〉 중 '아담의 창조'
〈성 마태오의 소명〉 카라지제(1571~1610), 1599~1600, 323x343cm, 로마 산 루이지 프란체시 성당

TAKE THREE

〈천지창조〉와 카라바조

시스티나 성당에 있는 미켈란젤로의 〈천지창조〉는 천장화인데다, 워낙 작품이 거대하고, 쉴 새 없이 밀려드는 관람객들 때문에 그림을 감상하기가 쉽지 않다. 〈천지창조〉의 장면들 가운데 가장 유명한 것은 영화 〈E.T.〉나 광고 등에 자주 사용되는 '아담의 창조' 다. 신의 손과 아담의 손이 서로 만나는 장면이다. 아담의 코를 통해 생기를 불어 넣었다는 성서의 내용과 달리, 미켈란젤로는 조각가답게 손을 통해 최초의 인간 아담에게 생기를 전달하고 있는 장면으로 묘사하고 있다. 이 장면은 약 100년 후 그려진 카라바조의 작품 〈성 마태의 소명〉에서도 똑같은 형태로 등장한다.

〈동정녀 마리아의 결혼〉 산치오 라파엘로(1483-1520), 1504, 목판에 유채, 170x117cm, 개인 소장
바티칸 시스티나 성당에 있는 페루지노의 〈베드로에게 열쇠를 주는 그리스도〉 중 일부

TAKE FOUR

페루지노와 라파엘로

르네상스는 한 시기에 수많은 천재들이 동시에 출현한 시기로, 이 같은 예술의 황금기는 고대 그리스 이후 역사상 다시는 찾아볼 수 없다. 천재들이 군웅할거하던 때인지라 자연히 스승과 제자가 경쟁을 하기도 했고, 끊임없이 다른 예술가들과 어깨를 겨루어야 했다. 르네상스의 이런 청출어람 사제 관계 중 가장 전형적인 경우는 페루지노와 그의 제자 라파엘로이다. 시스티나 성당에 있는 페루지노의 〈베드로에게 열쇠를 주는 그리스도〉와 밀라노에 있는 라파엘로의 〈동정녀 마리아의 결혼〉을 나란히 놓고 보면, 스승이 제자에게 무엇을 가르쳤고, 제자가 그 과정을 통해 어떻게 스승을 능가했는지를 알 수 있다. 라파엘로는 페루지노의 〈베드로에게 열쇠를 주는 그리스도〉뿐만 아니라 〈동정녀 마리아의 결혼〉 또한 거의 그대로 모방했는데, 두 그림을 비교해 보면 인물 배치, 원근법의 적용 등이 거의 동일함을 알 수 있다.

라파엘로가 20살을 갓 넘긴 1504년에 그려진 〈동정녀 마리아의 결혼〉은 화가의 청년기를 마감하는 작품이기도 하다. 라파엘로는 그림 속 사원 정면에 "RAPHAEL URBINAS MDⅢ"라고 적어 넣어, 처음으로 작품의 창작 연도를 정확하게 기록하고 있다. 이름을 노출시키지 않았던 과거의 작업 방식과 달리, 앞으로는 자신의 이름으로 창작을 하겠다는 선언을 한 것이다. 그림의 전체적인 구성은 스승 페루지노의 〈베드로에게 열쇠를 주는 그리스도〉와 프랑스 캉 미술관에 있는 〈동정녀의 결혼〉에서 결정적인 영향을 받았다. 그림 속의 인물들은 뒤에 보이는 사원과 계단, 광장을 중심으로 정확한 원근법에 따라 배치되어 있다. 라파엘로는 황금빛 톤의 밝은 색을 많이 사용하고, 사원 뒤편에 광원을 두어 화면 속으로 빛을 끌어 들임으로써 그림에 선명함과 공간의 깊이를 동시에 부여하고 있다. 마리아의 아름다운 프로필과 황금색의 전체적인 톤은 기하학적 경직성을 띤 구도를 상쇄할 정도로 부드럽고 온화하다. 이에 반해 스승 페루지노의 그림은 온화함이나 색의 배치 등에서 제자의 작품보다 떨어진다. 배경이 되는 건물 묘사와 인물 배치에서도 라파엘로의 그림이 공간의 깊이감을 더욱 생생하게 전달하고 있으며, 인물 묘사의 유연성과 함축성도 라파엘로의 작품이 좀 더 뛰어나다. 라파엘로는 후일 이를 더욱 발전시켜, 자신의 최고 걸작인 〈아테네 학당〉을 그린다. 건물과 인간의 완벽한 조화, 원근법과 연극적 무대 구성, 시간을 초월해 영원하고 궁극적인 것에 대한 지적, 종교적 호기심 등이 어우러진 이 작품은 스승 페루지노의 가르침과 이를 능가하는 라파엘로의 재능으로 탄생한 걸작이다. 그런 측면에서 〈아테네 학당〉이 서구 미술사에 끼친 지대한 영향은 페루지노로부터 시작된 것이라 해도 과히 틀린 말은 아닐 것이다. 시스티나 성당에는 페루지노와 라파엘로의 그림 여러 점이 함께 소장되어 있다.

PHOTO_솔방울 장원에 있는 조각 〈구 속 하 주〉

THEME > 바티칸의 현대 성화들

THE MODERN RELIGIOUS
PAINTINGS IN VATICAN

현대 기독교 예술 작품들어 한자리에

바티칸에 현대 미술관이 있다는 사실을 아는 이들은 그리 많지 않다. 놀랍게도 600여 점의 현대 예술의
걸작들이 바티칸 박물관에 소장되어 있다. 우선 실내에 있는 현대 성화들을 보기에 앞서 솔방울
정원에 있는 멋진 현대 조각들 보자.

PHOTO_ 〈구 속의 구〉 아르날도 포모도로(1926~), 1990, 지름 200cm • 바티칸 솔방울 정원 (Cortile della Pigna)

TAKE ONE

대우주와 소우주를 상징하는 현대 조각

바티칸의 솔방울 정원에 가면 황동으로 제작된 거대한 조각 작품인 〈구 속의 구〉를 볼 수 있다. 바티칸에서 수천 년 전 유물과 르네상스 시대 성스러운 작품들을 대하던 사람들은 솔방울 정원에서 이 현대 조각을 보고 깜짝 놀라곤 한다. 1990년 이탈리아 현대 조각가 아르날도 포모도로가 제작한 이 작품은 지름 4m의 큰 구 속에 작은 구가 들어가 있는 형태를 띠고 있다. 작품의 의미는 추상 조각임에도 불구하고 비교적 쉽게 짐작할 수 있는데, 두 개의 구 중 외부의 큰 구는 만물의 창조주인 신이 만든 우주 전체를 상징하며, 내부의 작은 구는 인간이 사는 지구를 나타낸다. 수없이 많은 톱니바퀴들이 빽빽하게 들어찬 구 속의 세계는 신비하면서도 정교해, 인간의 지혜만으로는 실체를 파악하기 불가능한 우주의 오묘함을 나타내고 있다는 해석도 가능하다. 이 조각의 매력은 햇빛을 받으면서 황동 구리의 곡면 깊은 곳에 푸른 하늘이 비칠 때 한껏 발휘된다.

서구에서는 옛날부터 대우주와 소우주를 구분해 세계와 인간의 관계를 해석하고 이해해 왔다. 여기서 대우주는 우주 그 자체, 소우주는 인간을 의미했다. 이런 우주관은 인체의 건강과 질병, 기질 등을 이해하는 데도 적용되었다. 가령 고대 그리스 의사인 히포크라테스는 체액을 혈액, 점액, 담즙, 흑담즙 등으로 구분하고 각 체액이 많고 적음에 따라 사람의 기질이 결정된다고 보았는데, 이는 흙, 물, 공기, 불로 이루어진 네 원소가 어떻게 결합하느냐에 따라 천하만물이 생성된다고 보았던 고대 그리스 우주관의 연장이었다.

〈종교적 목각〉 폴 고갱(1848-1903), 1892 · 바티칸 박물관, 보르지아관 (Musei Vaticani, Appartamento Borgia)
〈사제〉 에밀 놀데(1867-1956), 1939-1945 · 바티칸 박물관, 보르지아관 (Musei Vaticani, Appartamento Borgia)

TAKE TWO

현대 화가들이 그린 성화들

이외에도 바티칸에는 약 600여 점에 달하는 현대 기독교 예술 작품들이 소장되어 있다. 대표적인 작품으로는 영국 현대 화가 프란시스 베이컨의 〈벨라스케스의 교황, 습작〉, 프랑스 상징주의 화가 르동의 〈잔 다르크〉, 조르주 루오의 〈예수의 얼굴〉, 폴 고갱의 〈종교적 목각〉, 에밀 놀데의 〈사제〉, 이탈리아 현대 화가이자 조각가 루치오 폰타나의 〈마르티누스 4세〉 상 등이 있다. 이 현대 예술품들은 1967년 교황인 바오로 6세가 시스티나 성당에 모인 현대 예술가들에게 간곡히 부탁해 수집한 작품들이다. 현대 성화들은 스페인 출신의 교황, 알렉산드르 6세 보르지아가 사용하던 방을 개조해 만든 보르지아관Appartamento Borgia에 소장되어 있다.

TAKE THREE

프란시스 베이컨의 〈벨라스케스의 교황, 습작〉

이 가운데 프란시스 베이컨의 1961년 작 〈벨라스케스의 교황, 습작〉은 특히 눈여겨볼 작품이다. 베이컨의 작품 중 하나인 〈삼면화〉가 최근 뉴욕 소더비 경매에서 약 900억 원에 달하는 고가로 팔리면서 그의 이름이 전 세계 언론을 통해 대대적으로 알려지기도 했다. 베이컨의 그림을 구입한 사람은 러시아 석유 재벌 로만 아브라모비치로, 영국 프리미어 리그의 첼시 구단주이기도 한 인물이다. 소더비에서 팔린 〈삼면화〉는 중세의 제단화 형식을 모방한 작품으로 스페인 17세기 화가 벨라스케스가 그린 교황을 패러디하면서 남긴 습작이다. 베이컨은 이 그림에서 교황 자체보다는 모종의 '기'를 묘사하고 있다. 신의 지상 대리자로서 무소불위의 권력을 행사하는 교황의 카리스마 혹은 한 사람의 인격과 그에게 부여된 종교적 상징성 사이의 괴리를 표현하고자 한 것이다. 비록 습작이긴 하지만, 마치 X선 촬영을 한 듯한 음화의 분위기를 통해 교황이라는 존재로부터 발산되는 범상치 않은 기운을 포착하고 있다. 베이컨은 다른 작품들에서도 인간의 관념이나 지적 능력이 아니라, 신체가 보여주는 원초적 리듬과 미세한 진동을 생명 현상의 한 요소로 파악해 표현하고 있다.

〈잔 다르크〉 오딜롱 르동(1840~1916) • 바티칸 박물관, 보르지아관 (Musei Vaticani, Appartamento, Borgia)
〈예수의 얼굴〉 조르주 루오(1871~1958), 1946 • 바티칸 박물관, 보르지아관 (Musei Vaticani, Appartamento, Borgia)

TAKE FOUR

오딜롱 르동의 〈잔 다르크〉

19세기 말부터 20세기 초에 걸쳐 활동한 프랑스 상징주의 화가 오딜롱 르동의 〈잔 다르크〉도 현대 성화의 대표적인 작품이라 할 수 있다. 문학에서 상징주의 운동이 일어나 한창일 당시, 르동은 이에 영향을 받아 불교, 그리스 신화 등을 소재로 상징주의 회화를 많이 그렸던 화가이다. 유화가 아닌 데생과 파스텔로 이루어진 이 그림에서, 잔 다르크는 신의 계시를 받아 18살의 평범한 시골 처녀에서 갑자기 영웅이 된 초능력의 소유자가 아니라, 진지하고 사려 깊은 한 인간의 모습을 보여준다. 우수에 찬 얼굴 표정에서는 스스로에 대한 회의의 분위기까지 느껴지는 듯하다.

TAKE FIVE

루오의 〈예수의 얼굴〉

프랑스 화가 조르주 루오의 〈예수의 얼굴〉도 놓치면 아까운 작품이다. '신이 죽은 시대'였던 20세기, 종교화를 고집한 거의 유일한 화가 루오의 그림에서는 가난한 어린 시절과 함께 표현주의의 영향이 강하게 드러나 있다. 생계를 위해 견습공으로 일하며 익히게 된 스테인드글라스 기법의 영향도 엿볼 수 있다. 전성기 때에는 사회의 밑바닥에서 사는 창녀와 가난한 사람들을 등장시켜 인간의 내면과 사회의 악을 바라보는 경향을 보였으나 기독교에 귀의한 이후 많은 연작 형태의 성화를 그렸다. 굵고 힘찬 터치, 순수하고 강렬한 원색들의 원시성은 루오의 성화에서 엿볼 수 있는 특징인데, 바티칸 박물관에 있는 〈예수의 얼굴〉에도 이런 특징들이 잘 나타나 있다.

PHOTO_ 상징예술아카데미 편집부

POPE, HEAD OF THE SMALLEST CITY IN THE WORLD

작지만 큰 나라, 바티칸이 지닌 고도의 상징성

국토 44만㎡, 인구 천 명의 바티칸은 세계에서 가장 작은 국가다. 그중 반 이상인 25만㎡가 정원이며 나머지는 성 베드로 광장과 성당, 박물관, 교황궁 등으로 쓰이고 있다. 성 베드로 성당과 박물관은 일반인의 입장이 허용되는 곳이지만, 교황궁은 출입이 엄격히 제한된다. 약 3천 명의 외부 인력이 교황청 전반의 사무를 돌보는데 세계에서 가장 효율적인 관료 집단으로 알려져 있다. 여기에는 스위스 용병으로 이루어진 근위대도 포함된다.

하지만 바티칸 시국에서 국토 면적과 인구는 그다지 큰 의미가 없다. 실질적으로는 전 세계 30만 개에 이르는 교구를 관장하는 교황이 집무를 보는 곳이자, 성 베드로 성당이 있는 곳이지만, 상징적으로는 전 세계 가톨릭 신자가 바티칸의 국민이며, 전 세계 성당들이 바티칸의 국토라고 할 수 있기 때문이다. 바로 이 상징성이 바티칸의 본질이며, 건축과 장식, 박물관의 많은 그림들 모두 이를 드러내는 고도의 의미를 간직하고 있다.

TAKE ONE

교회의 수장, 교황

교황은 가톨릭 교회의 수장이지만, 로마 주교의 약칭이기도 하다. 성서에 따르면 예수는 12명의 사도 중 베드로에게 특별한 권한을 부여했다. 반석을 뜻하는 그의 이름대로, 그 위에 교회를 세우겠다고 한 것이다. 그 후 베드로는 로마에서 순교하였고 그의 무덤 위에 기독교를 공인한 로마 황제 콘스탄티누스가 성당을 세운다. 현재의 성 베드로 성당은 이 옛 성당을 허물고 16세기 다시 지은 것이다. 사도들이 일정한 장소에 머물지 않고 이곳저곳을 옮겨 다녔던 초대 교회 시절에는 주교나 교황이 필요 없었다. 하지만 이후 교회가 일정한 장소에 정주하게 되자 12사도들의 뒤를 이어 주교들이 정신적, 행정적 직분을 맡게 된다. 이때부터 교회 전체를 총괄 지휘하는 수장의 필요성이 대두되었고 사도의 우두머리인 베드로의 무덤 위에 세워진 로마 교회의 수장이 전체 기독교 교회의 수장이 된 것이다.

TAKE TWO

교황의 역사

교황은 기독교 초기 몇 세기 동안 온갖 이단과 기독교를 박해하던 황제들의 음모에 대항하며 교황권을 수호했다. 중세 유럽에서 교황권은 점차 세속의 영역으로까지 그 권한을 확대해 나간다. 13세기 초, 이전까지의 황제 개입이 사라지고, 추기경단만이 교황 선출권을 갖게 되면서 교황권은 절정에 달하였다. 그러다 16세기 촉발된 종교개혁으로 교황권은 최대 위기를 맞게 된다. 로마 교황청의 세력이 약해지면서 교황권도 축소되었고, 18세기 이후 교황의 세속권은 더욱 약해진다. 이탈리아가 통일을 이룬 해인 1870년에는 많은 교황령이 이탈리아 령으로 돌아간다. 그 뒤 1929년에 무솔리니의 파쇼 정권과의 라테라노 조약이 체결되면서 바티칸은 현재와 같이 작은 시국으로 독립하였고, 자동적으로 교황은 바티칸 공화국의 수반이 되었다. 이후 세속적 권력을 상실하며 종교적, 정신적 문제에서만 영향력을 갖게 된 교황은 초국가적인 입장에서 국제 문제, 윤리 문제, 사상 및 사회 문제를 지도하며 20세기에 들어와서는 세계 평화에 큰 기여를 한다. 제1차 세계대전 때에는 베네딕투스 15세, 제2차 세계대전 때에는 피우스 12세가 전쟁의 종결과 평화 회복을 위하여 진력했다. TV, 인터넷 등 대중 매체의 발달로 오늘날 교황은 전 세계에서 가장 인기 높은 대중 스타가 되었으며, 지구촌의 많은 사안에 의견을 내놓고 있다. 이런 현상은 역대 교황들 중 가장 많은 나라를 방문했던 요한 바오로 2세 때 특히 두드러지게 나타났다. 어디를 가나 비행기에서 내리자마자 땅에 입을 맞추는 교황의 모습은 전 세계로 타전되었고, 그의 인기를 한층 높여주었다.

교황 선거를 위해 추기경단이 소집된 선거회의 장면을 묘사한 삽화

TAKE THREE

교황 선거

현행 교회법에 의하면, 교황은 전임 교황이 죽은 후 15일 이내에 콘클라베Conclave라 불리는 추기경단이 소집되어 선거회의를 통해 선출된다. 추기경들은 추기경이 되는 순간부터 자동으로 교황 선거권을 갖는다. 원칙적으로 남자 가톨릭 신도에게는 누구나 피선거권이 있으나, 실제로는 1389년 보니파키우스 9세 이래 추기경만이 교황으로 선출되었으며, 1987년 교황 요한 바오로 2세가 선출되기 전까지는 모두 이탈리아 인이었다. 투표에 참가하는 추기경들은 교황이 선출될 때까지 투표 장소를 벗어나지 못하고 일시 연금되며, 절대 비밀을 엄수해야 한다. 투표 개시 후 3일이 지나도 신임 교황이 선출되지 못하면 추기경들은 5일 동안 하루에 한 끼의 식사만 제공받게 되고, 음식도 물과 빵만 제공된다. 현재 시스티나 성당이 투표 장소로 이용되고 있다. 투표는 하루에 두 번 행하며 참석한 추기경의 2/3를 넘는 수가 찬성표를 던지면 선출이 확정되고, 즉시 바티칸 위로 맑은 연기가 피어 오른다. 당선자가 취임을 수락하면 곧이어 추기경 중 한 명이 성 베드로 성당의 로지아로 불리는 발코니에서 라틴 어로 신임 교황 선출 사실을 공표한다. 이어 선출된 교황이 모습을 나타내고 첫 번째 축복을 내린다. 새 교황 명이 결정, 공시되고, 선거 직후의 일요일 이나 축일에 대관식을 거행한다.

PHOTO_ 화려한 복장의 바티칸 스위스 근위대

TAKE FOUR

바티칸의 스위스 근위대

바티칸 스위스 근위대는 1506년 1월 21일, 교황 율리우스 2세(재위 1503~1513)에 의해 창설되었다. 당시 이탈리아나 스페인 병사들에 비해 키가 크고 체격이 장대하다는 점이 스위스 인들의 가장 두드러진 특징이 었다. 때문에 유럽의 모든 군주들이 스위스 근위대를 고용하고 싶어했지만, 그 경비 때문에 결코 쉬운 일이 아니었다. 오늘날에도 근위대 선발은 엄격한 기준에 의해 행해진다. 신장 175cm 이상, 나이 30세 이하만 지원 가능하며, 스위스에서 군 복무를 한 경력이 있어야만 한다. 근위대 인원은 총 100명으로, 일반 사병 70명과 하사관 23명, 사관 4명, 고수 2명, 근위대장인 대령 1명으로 구성되어 있다. 일반 사병이 드는 도끼 창은 길이 2m에 무게가 6kg 에 이른다. 근위대들이 입는 화려한 옷을 미켈란젤로가 디자인했다는 이야기가 전해질 만큼 화려함이 특징이다.

〈교황 율리우스 2세〉 산치오 라파엘로(1483-1520), 1511, 목판에 유채, 108.7×81cm, 런던 내셔널 갤러리 소장

PHOTO_ 요한 바오로 2세에 이어 2005년 교황 자리에 오른 베네딕토 16세

TAKE FIVE

세상에서 가장 바쁜 사람

한 나라의 국정을 책임지는 대통령은 에어포스 원을 탄다. 다국적 기업의 총수들도 전용기를 갖고 있다. 이들은 신변안전과 바쁜 일정 때문에 전용기를 이용할 뿐, 팔자 좋은 제트족은 아니다. 전용기를 갖고 있는 대통령이나 기업 총수보다 더 바쁜 사람이 있는데, 바로 교황이다.

물론 모든 교황이 다 바쁜 것은 아니다. 교황도 교황 나름, 칩거형부터 유물 수집형, 독서광형 등 다양하다. 그중에서도 전임 교황인 요한 바오로 2세는 대통령이나 기업 총수들보다 더 바쁘게 전 세계를 왔다 간 인물로 알려져 있다. 1984년 5월과 1989년 10월, 두 차례에 걸쳐 방한하기도 했다. 개인적으로도 여행을 상당히 즐겼으며, 여러 번 바티칸을 빠져나가 몰래 스키를 즐길 만큼 스포츠광이기도 했다. 요한 바오로 2세는 17년간의 재임기간 중 약 10분의 1에 해당하는 기간을 외국에서 보냈다고 한다. 하지만 단순한 '여행'의 차원이 아니라, 언제나 가야만 하는 곳에 갔고, 있어야 하는 자리에 있었다. 또한 어느 나라를 방문하든 가기 전에 늘 철저하게 준비를 했던 것으로도 유명하다. 한국을 찾았을 때도 "벗이 있어먼 데로 찾아가면 그야말로 큰 기쁨이 아닌가."라고 첫 연설을 시작했다. 논어에 나오는 이 말을 그것도 한국어로 한 것이다. 모국어인 폴란드 어는 물론이고, 라틴 어, 영어, 프랑스 어, 독일어 등을 유창하게 구사했던 교황은 이에 덧붙여 자신이 방문하는 나라의 언어를 배우고 그 말로 첫 축복을 내리곤 했던 것이다. 한 나라의 언어를 존중하는 이러한 태도는 겸손과 예의를 갖춘 것이어서 더욱 큰 감동을 주곤 했다. 비가 오나 눈이 오나 비행기에서 내리면 땅에 입을 맞추고, 미리 익힌 그 나라의 언어로 인사를 하는 교황은 전 세계 모든 인간을 상대로 목자로서의 직분을 다 하기 위해 늘 최선을 다한 인물이었다.

PHOTO_ 성 베드로 성당에 모인 교황과 사제들 / **PHOTO_** 교황을 만나기 위해 기다리는 인터밀란 축구 선수들

TAKE SIX

빨간 구두를 신은 교황, 존 레논과 마돈나를 누르다

21세기의 교황은 대중스타를 능가한다. 패션 감각이 뛰어난 교황 베네딕토 16세는 빨간 구두를 신었다가, 여인들로부터 "프라다 아니냐"는 질문에 시달려야만 했다. 교황청의 공식 해명. "악마는 프라다를 입지만, 교황은 아닙니다."

비틀스 멤버였던 존 레논은 절정의 인기를 누리던 1966년, "비틀스가 예수보다 더 유명하다"면서 "기독교와 로큰롤 중 어느 것이 먼저 지구상에서 사라질 지는 두고 봐야 아는 일"이라고 헛소리를 한 적이 있다. 2006년 교황청은 레논의 이 발언을 정식으로 사면했는데, 정작 당사자는 1980년 겨울, 뉴욕의 아파트에서 스토커에 의해 살해된 탓에 사면을 받을 수 없는 처지다. 교황청은 이후 마돈나의 공격에도 의연하게 대처해야만 했다. 마돈나가 한창 혈기왕성하던 1989년, 그녀는 자신의 뮤직 비디오에서 십자가를 불태우고 예수를 유혹하는 막달라 마리아로 등장했다. 교황은 이에 일일이 대꾸하지 않았고, 먼저 무릎을 꿇은 쪽은 결국 마돈나였다. 2006년 자신의 히트곡 "라이크 어 버진Like a Virgin"을 교황에게 바친다고 공개선언을 했는데, 마돈나가 정말 마돈나가 된 것일까? 예수와 막달라 마리아가 결혼을 했다는 '아니면 말고 식'의 《다빈치 코드》 역시 교황청의 분노를 샀지만, 교황은 허술한 소설과 그보다 더 허술한 영화를 선전하려는 술책에 말려들지는 않았다.

TAKE SEVEN

힘없는 이들과 늘 함께 했던 교황 요한 바오로 2세

스포츠를 좋아해 스키 탈출을 감행하기도 했던 교황 요한 바오로 2세는 로마 밀레니엄 마라톤에서 손수 출발 총성을 울리기도 했다. 또한 인터 밀란 등 로마 축구 리그의 세리에 A 우승팀을 빼놓지 않고 접견하곤 했다. 교황은 축구 선수들의 손을 잡아주고 축복을 내리면서 그라운드에 직접 나가 축구 관전을 하고 싶다는 자신의 마음을 전달한 것이었다. 하지만 이러한 예외적인 경우를 제외하면 교황은 일년 365일의 대부분을 가난하고 평범한 사람들을 만나는 데 할애했다. 로마 주교이기도 한 교황은 로마 소재 소교구를 찾아가 직접 미사를 집전하곤 했고, 교황청의 서기와 열쇠공의 결혼 미사에서 직접 주례를 맡기도 했다. 성탄절이면 로마의 어린 학생들을 바티칸 성 베드로 광장으로 초청하여, 말 구유에 들어있는 아기 예수 인형을 직접 나누어주는 등 다정하고 소탈한 모습을 보여주었다. 2005년 교황이 선종하자 모든 세계인들이 그의 죽음을 안타까워하고 슬퍼한 이유가 바로 여기에 있다. 스키를 타기 위해 수차례 교황청 탈출을 했던 천진난만함, 방문하는 나라의 땅에 입을 맞추고 그 나라 말로 첫 인사를 하는 예의와 배려, 축구 선수부터 어린아이까지 가리지 않고 다양한 사람들과 만나며 보여준 포용력, 그리고 가난하고 힘없는 자들의 편에 섰던 성자로서의 모습 때문이다.

Collection

바티칸 박물관은 여러 개의 서로 다른 박물관과 미술관, 수많은 전시실, 정원, 도서관 등 거대한 규모로 이루어져 있다. 바티칸 박물관의 방대한 소장품들을 보다 쉽게 둘러보기 위해 MUST 바티칸 컬렉션에서는 크게 고대 그리스 • 로마 조각, 유럽 회화, 라파엘로관, 고대 이집트 미술, 지도로 나누어 주요 작품을 소개한다.

고대 그리스 · 로마 조각 〉 아폭시오메노스 / 페르세우스 / 아리아드네 / 벨베데레의 토르소 / 미론의 원반 던지는 사람 / 원형의 방 / 도리포로스 / 나일 강 / 아우구스투스 황제 상 / 미론의 아테나 여신과 마르시아스 / 키아라몬티 니오비데

유럽 회화 〉 스테파네스치 삼면화 / 성 니콜라우스 / 비올라를 연주하는 천사, 류트를 연주하는 천사 / 꼬마 천사들 / 피에타 / 숨을 거둔 예수를 통곡함 / 성 히에로니무스 / 수태고지, 동방박사들의 경배, 예수의 할례 / 믿음, 소망, 사랑 / 변용 / 용을 물리치는 성 조지 / 성자들과 함께 있는 성모자 / 예수의 입관 / 성 베드로의 십자가형 / 유디트 / 성 에라스무스의 순교 / 성 마태오와 천사 / 에덴 동산의 아담과 이브

라파엘로관 〉 샤를마뉴 대제의 대관식 / 보르고 화재 / 오스티아 전투 / 레오 3세의 선서 / 기독교의 덕목들 / 파르나소스 산 / 사원에서 추방되는 엘리오도로 / 볼세니 미사의 기적 / 아틸라를 무찌르는 성 레오 / 십사가 현현 / 빌리비안 교의 전투 / 콘스탄티누스 황제의 세례식 / 콘스탄티누스, 로마를 교황에게 바치다

고대 이집트 미술 〉 하트셉수트와 투트모시스 3세의 기념비

지도 〉 지도관

고대 그리스·로마 조각은 대부분 바티칸 박물관 1, 2층에 자리잡고 있는 피오 클레멘티노관 Museo Pio-Clementino에 소장되어 있다. 고대 로마 조각 작품 중 일부는 신관을 뜻하는 브라치오 누오보Braccio Nuovo에 소장되어 있는데, 고대 그리스 조각을 로마 시대 당시 모각한 작품들과 로마 때 제작된 조각들로 나눈다. 박물관 3층 비가의 방(이륜마차의 방)Sala della Biga에도 또 다른 모각 작품 일부가 보관되어 있다. 가장 중요한 작품들은 피오 클레멘티노관의 벨베데레의 안뜰 Cortile ottagonale del Belvedere과 내부에 소장되어 있다. 예외적으로 19세기 초의 신고전주의 조각가인 카노바의 작품을 피오 클레멘티노관에서 볼 수 있는데, 이는 나폴레옹이 로마를 점령했을 당시 없어진 유물들을 대신하기 위해 카노바가 교황의 요청을 받아 작품들을 제작하면서 박물관 관장직을 맡았기 때문이다.

:: 고대 그리스 · 로마 조각 ::::::

아폭시오메노스
대리석 모각, 높이 205cm | 피오 클레멘티노관, 아폭시오메노스의 방 (Museo Pio-Clementino, Gabinetto dell' Apoxyomenos)

기원전 4세기에 활동했던 그리스 청동 조각가 루시포스의 작품을 서기 1세기 로마 때 대리석으로 모각한 작품이다. 경기를 마친 한 선수가 몸을 씻고 있는 모습을 조각했다. 이상화된 행동이나 영웅을 묘사한 것이 아니라, 일상적인 움직임을 사실적으로 묘사한 뛰어난 작품이다. 인체의 정확한 비례, 피곤이 묻어나는 표정, 힘을 준 왼쪽 다리와 한 발 뒤로 물러선 오른쪽 다리의 움직임과 균형 등 인체에 대한 해부학적 지식에 기초한 자연주의적 경향을 읽을 수 있다.

| 고대 그리스 · 로마 조각 관련 작품 찾아보기 |

모든 예술가들의 영감이 시작되는 곳

바티칸 박물관은 단순한 박물관이 아니다. 기독교와 관련된 작품만 소장하고 있는 곳도 아니다. 서구 사상과 미술이
탄생한 곳이자, 수많은 사람들이 고대 그리스 로마의 전통과 기독교의 신비를 만나던 곳이다. 바티칸의 감동과 전율은
서구 예술의 원동력이라고 할 수 있다. 그중에서도 고대 그리스 • 로마 조각관은 예술가들에게 가장 큰 감동을 준 곳이다.
그리스 조각에 나타난 인체 묘사의 예리한 해석을 통해 인간 존재에 대한 각성을 할 수 있었고, 때론 수천 년 세월에
시달리며 머리만 남은 조각 앞에서 실존의 한계를 느끼고 돌아가기도 했다.

페르세우스

안토니오 카노바(1757~1822), 대리석, 1800, 높이 220cm | 피오 클레멘티노관, 벨베데레의 안뜰 (Museo Pio-Clementino, Cortile ottagonale del Belvedere)

교황 피우스 7세는 나폴레옹에게 값진 유물들을 빼앗긴 이후 이탈리아 네오클래식 조각가인 안토니오
카노바의 작품 세 점을 구입하면서 그를 박물관장에 임명한다. 〈페르세우스〉는 이때 구입한 작품이다.
페르세우스는 머리에 수많은 뱀들이 달려있어 누구든 보기만 해도 죽는다는 괴물 메두사를 죽인 영웅
이다. 카노바의 이 작품은 〈벨베데레의 아폴론〉으로부터 영감을 얻어 제작된 작품임을 쉽게 알 수 있다.
이는 유물을 강탈해 간 나폴레옹에 대한 상징적인 응징의 뜻을 담고 있는 작품이기도 하다.

아리아드네

대리석 모각 | 피오 클레멘티노관, 조각상 갤러리 (Musco Pio-Clementino, Galleria della Statue)

기원전 2세기경인 헬레니즘기의 그리스 조각을 로마 시대 때 모각한 작품으로 옷의 세밀한 주름처리와
작위적인 느낌에도 불구하고 여체의 특징을 잘 부각하는 자세 등으로 주목할 만한 조각이다. 특히 옷의
주름 속에 숨어있는 풍만한 여체의 아름다움을 강조하고 있어, 피카소가 1920년대 그린 자이언트 시리즈의
그림이 연상되기도 한다. 고개를 한쪽으로 숙인 채 한 팔을 머리 위로 올리고 있는 포즈는 테세우스에
게 버림받은 아리아드네의 슬픔을 표현하고 있다. 시름에 잠긴 여인상의 전형적 자세로, 이후에도
다른 작품들에서 여러 번 반복되고 있다.

희귀한 원본, 넘쳐나는 모각 작품

바티칸의 그리스 조각들은 몇 점 안 되는 원본을 제외하고, 거의 대부분 고대 로마 시대에 모각한 작품들이다. 하지만 모각 작품이라 해도 거의 2,000년 전에 제작된 조각들로 고고학적 의미가 크다. 고대 그리스에서는 조각을 할 때 대리석 못지 않게 청동 조각을 많이 제작했는데, 이는 부식으로 인해 쉽게 손상되는 약점을 갖고 있었다. 로마가 그리스를 점령한 뒤 전리품으로 가져온 이 조각 작품들은 장식용으로 크게 유행했는데, 원본만으로는 수요를 감당할 수 없게 되자, 공방이 생겨나 전문 모각이 발달한 것이다. 오늘날 전 세계 박물관에 있는 대부분의 그리스 조각들은 바로 이렇게 모각된 작품들이다.

벨베데레의 토르소

대리석 | 피오 클레멘티노관, 뮤즈의 방 (Museo Pio-Clementino, Sala delle Muse)

미켈란젤로의 찬탄을 자아냈던 이 흉상은 헤라클레스를 조각한 것으로 추정되어 왔으나, 최근 들어 트로이 전쟁의 영웅으로 아킬레스의 시신을 거둔 용감한 무장 아이아스로 판명되었다. 아이아스는 전투에 심하게 몰두한 나머지, 양떼를 적으로 오인하고 몰살해 버린다. 뒤늦게 이를 깨달은 아이아스는 수치심에 사로 잡혀 스스로 목숨을 끊고 만다. 두 다리의 상반부와 가슴만 남아있음에도 불구하고, 수치심에 사로잡힌 영웅의 뒤틀린 심경을 고스란히 느낄 수 있는 작품이다. 잘려나간 부분으로 인해 오히려 더욱 극적인 표현을 얻고 있다고도 볼 수 있다. 미켈란젤로는 물론, 후일 로댕 등의 조각가들에게 많은 영향을 준 작품 이다.

인체 묘사를 사상의 경지로 끌어올린 그리스 조각

그리스 조각은 기원전 1000년부터 시작된 오랜 역사를 갖고 있다. 이집트와 메소포타미아 조각으로부터 영향을 받기도 했으며, 그리스가 여러 섬으로 이루어진 나라인 만큼 지방마다 독특한 고유의 양식이 발달했다. 하지만 그리스 조각의 가장 큰 특징과 위대함은 인체 묘사를 단순한 장식이나 우상 제작에 활용하는 데 그친 것이 아니라, 인간에 대한 성찰을 통해 조각을 철학과 사상의 차원으로 끌어 올린 점이라 할 수 있다.

미론의 원반 던지는 사람
대리석 모각, 높이 133cm | 피오 클레멘티노관, 비가의 방 (Museo Pio-Clementino, Sala della Biga)

미론의 〈원반 던지는 사람〉은 두 마리의 말이 끄는 조각이 있어서 '비가의 방'이라 불리는 전시실에서 볼 수 있다. 수도 없이 복제되어 여러 박물관에서 볼 수 있는 작품이기도 하다. 미론이 제작한 청동 원본은 기원전 5세기 중엽 그리스의 작품이고, 현재 바티칸 박물관에 소장되어 있는 작품은 이를 로마 시대에 모각한 것이다. 높이는 133cm 정도에 이르며, 조각상의 머리는 사라진 것을 다시 복원한 것이다. 그리스 고전기의 최대 걸작으로 손꼽히는 작품으로, 몸을 회전시키려는 순간의 근육 움직임과 정신 집중을 여실하게 묘사하고 있다.

원형의 방
미켈란젤로 시모네티(1724~1781), 1780년 | 피오 클레멘티노관, 원형의 방 (Museo Pio-Clemenino, Sala Rotonda)

2세기 말에 제작된 헤라클레스의 황금 동상이 이곳에 있다. 원형의 방 한가운데 놓여있는 반암으로 만든 수반은 콜로세움 근처에 있던 네로 황제의 황금 궁전에서 출토된 것이다. 건축가 시모네티가 1780년, 판테온 신전을 모델로 해서 지은 방 자체가 어느 유물보다 값진 유물이다.

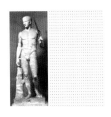

도리포로스
대리석, 높이 211cm | 브라치오 누오보 (Braccio Nuovo)

기원전 440년경 제작된 청동상 〈창을 든 사람〉을 로마 시대에 대리석으로 모각한 작품이다. 도리포로스라는 말 자체가 창 던지는 사람이라는 뜻이다. 고대 그리스의 육상선수를 모델로 하여 아킬레스 신을 조각한 것으로 추정된다. 이 작품은 그리스 시대의 인체 묘사 규범인 카논Canon을 가장 철저하게 지킨 작품으로 간주되는데, 실제로 몸의 긴장과 이완, 움직임과 휴식, 근육의 신축된 각 부분들 사이에 절묘한 조화가 느껴진다. 두 발 중 한쪽에 무게 중심이 실린 콘트라포스토 자세를 취하고 있으며, 이러한 비대칭은 두 팔에서도 느껴진다. 한 방향으로 나란히 있지 않은 두 발은 움직임과 정지가 동시에 느껴지는데, 이러한 포즈는 이후 많은 그리스 남성상에서 하나의 모델로 자리잡게 된다.

나일 강
서기 1세기, 대리석 모각, 높이 162cm | 브라치오 누오보 (Braccio Nuovo)

우의적인 이 조각은 서기 1세기 때의 작품이다. 16명의 어린아이들에게 둘러 싸여있는 거인은 나일 강을 상징하며 16명의 아이들은 지류를 뜻한다. 이러한 우의적 조각은 고대 로마 이후 사라졌다가 르네상스 이후 전 유럽에 널리 퍼져 왕궁이나 정원에 가면 쉽게 볼 수 있다. 수많은 어린아이들을 거느리고 있는 조각은 또한 다산성을 기리는 신화적 의미도 지니고 있다.

아우구스투스 황제 상
서기 20년경, 대리석 모각, 높이 204m | 브라치오 누오보 (Braccio Nuovo)

갑옷을 걸친 아우구스투스 황제 상은 기원전 5세기경의 그리스 조각 규범에 따라 제작된 작품으로 황후가 황제의 사후에 제작을 의뢰한 것이다. 현재 박물관에 있는 대리석 조각은 서기 20년, 청동으로 주조된 원본을 대리석으로 모각한 것인데, 원본인 청동상은 오늘날 사라지고 없다. 황제가 가슴에 걸치고 있는 흉갑 중앙에는 현재의 이란 지방에 거주하던 파르트 족이 로마 황제를 상징하는 독수리를 되돌려 주는 장면이 저부조로 새겨져 있다. 이는 아우구스투스 황제의 황금시대가 시작되었음을 일러주는 묘사다. 휘날리는 망토를 걸친 하늘의 신과 사륜마차를 탄 태양신 헬리오스, 달의 신 루나, 새벽의 신 오로라, 대지의 신 텔루스 등 천체를 나타내는 신들이 이 장면을 둘러싸고 있다. 이는 황제의 위업을 우주론적 위대함을 지닌 것으로 묘사하기 위한 것이었다. 흉갑 아래쪽에는 아우구스투스 황제의 수호신들이었던 아폴론과 디안느가 새겨져 있고, 황제의 어깨 위에 있는 견장에는 이제 막 확립된 평화를 지키는 수호신으로 스핑크스가 장식되어 있다.

미론의 아테나 여신과 마르시아스

대리석 모각, 높이 156cm | 그레고리아노 프로파노관 (Museo Gregoriano Profano)

그리스 신화에서 예술의 신 아폴론과 음악 시합을 벌인 사티로스 마르시아스와 아테나 여신이 함께 있는 군상으로, 그리스 아티카 최고의 조각가였던 미론의 청동 작품을 로마 시대에 대리석으로 모각한 작품이다. 근육의 움직임과 연극적 몸놀림, 극적인 표정 등이 절정에 달했던 그리스 조각의 우아함을 그대로 증언해 주고 있다. 또한 아테나 여신의 정적인 고요함이 연극적 몸놀림과 대비를 이루며 완벽한 균형을 보여준다. 이 조각은 아테나 여신의 신전인 파르테논이 있는 아크로폴리스에 있었다. 전설에 의하면 아테나 여신이 손수 한 쌍의 플루트를 제작하는데, 연주할 때마다 아름다운 얼굴이 변형되자 이를 버리고 만다. 마르시아스는 아테나 여신이 버린 이 플루트를 주워, 리라를 연주하는 아폴론과 음악 시합을 벌인다. 시합에서 아폴론이 승리하자, 마르시아스는 그 자리에서 살갗이 벗겨지는 고문을 당해 죽게 된다.

〈원반 던지는 사람〉으로 유명한 미론은 그리스 조각의 고전주의 시대에 활동한 청동 조각의 대가였다. 군상에서도 해부학에 기초한 그의 탁월한 인체 묘사가 어김없이 나타나 있다. 특히 아테나 여신의 몸을 가리고 있는 옷의 주름 묘사는 모각 작품임에도 불구하고 찬탄을 불러일으킬 정도로 섬세하다. 이 작품은 여러 점의 모각이 있는데, 독일 프랑크푸르트 박물관에도 똑같은 작품이 소장되어 있다. 같은 전시실에 투구를 쓴 아테나 여신의 흉상과 또 다른 마르시아스의 토르소가 있는데, 이 파편들은 다른 모각 작품에서 떨어져 나온 것들이다.

키아라몬티 니오비데

대리석 모각, 높이 176cm | 그레고리아노 프로파노관 (Museo Gregoriano Profano)

'니오비데Niobide '는 니오베의 7남 7녀를 묘사한 예술 작품을 일컫는다. 니오베는 자신이 아폴론과 아르테미스(로마 신화의 다이애나)의 어머니인 레토보다 자식을 많이 낳았다고 뽐내며 여신을 모욕했다가 벌을 받은 인물이다. 아폴론과 아르테미스에 의해 7남 7녀를 모두 살해당하고 만 이 비극을 수많은 작품에서 묘사했는데, 이를 '니오비데'라고 총칭한다. 자식들을 잃은 니오베는 그 충격으로 그만 그 자리에서 돌로 변하고 만다.

작품을 보면 한 여인이 옷자락을 휘날리며 달려가고 있다. 피렌체 우피치 미술관에 소장 중인 작품과 유사한 모각으로, 원래 키아라몬티관에 전시됐던 작품이어서 키아라몬티 니오베데로 불린다. 바람에 날리는 옷자락과 옷 안에 묘사된 여체의 움직임이 일체를 이루고 있는 뛰어난 묘사력을 보여준다. 원래는 여러 자식들이 묘사된 군상이었는데, 그중 이 작품이 가장 많이 복제된 것으로 볼 때 가장 뛰어난 작품으로 평가 받았음을 짐작해볼 수 있다. 뛰어난 묘사력 때문에 기원전 2세기에 제작된 원본일 가능성도 있다고 보는 학자들도 있다.

바티칸 박물관의 회화관 피나코테카(Pinacoteca)는 중세에서 19세기까지 유럽 최고의 컬렉션을 소장하고 있다. 특히 중세와 르네상스의 성화들은 기독교의 총 본산인 바티칸답게 가장 충실한 컬렉션을 보여준다. 이 작품들은 오래된 성화들이지만 지금도 그림을 그린 예술가들의 진지한 신앙과 아름다움을 통해 감탄을 자아낸다.

:: 유럽 회화 :::::

중세

스테파네스치 삼면화
조토 디 본도네(1267-1330), 1330, 목판에 템페라, 중앙 패널 88x178cm, 양쪽 패널 각 83x168cm | 피나코테카, 2전시실 (Pinacoteca, Sala II)

〈성 베드로〉는 추기경 야코포 스테파네스치가 1313년 화가 조토에게 부탁해 그린 '스테파네스치 삼면화' 중 한 점이다. 원래 현재의 베드로 성당 자리에 있던 옛 베드로 성당에 안치하기 위해 제작되었다. 교황청이 남프랑스의 아비뇽에 있던 당시 그려진 이 그림에는 교황이 다시 로마로 돌아오기를 기원하는 의미가 담겨있다. 가운데에는 천국의 열쇠를 쥔 베드로가 앉아있고, 그 밑에는 그림을 부탁한 기증자와 기타의 성자들이 있다. 좌우 패널에는 성 바울로, 안드레, 복음서 기자 요한, 야고보 등이 들어가 있다.

〈성 베드로〉를 그린 패널 뒷면에는 〈옥좌의 예수〉가 그려져 있다. 중앙의 옥좌에 예수가 앉아있고, 오른쪽에는 예수와 같은 자세로 죽을 수 없다며 십자가에 거꾸로 매달려 순교를 한 베드로가, 왼쪽에는 사도 바울이 있다. 예수 앞에 무릎을 꿇고 있는 사람이 그림을 기증한 야코포 스테파네스치 추기경이다.
높이 178cm에 달하는 이 패널의 형태는 당시에도 흔하지 않은 것이었지만, 화가는 많은 인물을 적절하게 배치하기 위해 세로로 긴 패널을 택했다. 섬세한 붓 놀림과 황금색 바탕 위에 칠해진 강렬한 색, 원근법을 부분적으로 도입한 배경 위의 세부에 이르기까지 치밀하게 묘사된 장면들은 조토를 비잔틴의 도식화된 성화에서 벗어나 르네상스를 예고한 화가로 손꼽히게 했다. 조토는 익명의 장인에 불과했던 이전의 화가들과 달리, 자신의 서명을 그림에 남기며 존경 받는 예술가 대접을 받은 최초의 화가였다.

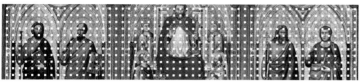

| 유럽 회화 관련 작품 찾아보기 |

르네상스

〈성 니콜라우스〉

프라 안젤리코(1400~1455), 1437, 34x60cm | 피나코테카, 3전시실 (Pinacoteca, Sala III)

이 작은 그림은 대규모 제단화 하단에 장식용으로 덧붙여진 세 점의 작품 중 하나다. 나머지 두 점의 그림은 이탈리아 페루자에 있다. 르네상스는 금융 가문인 피렌체 메디치 가의 후원에서 시작되었다. 20세기 들어 세계 경제의 중심지로 부상한 뉴욕이 현대 미술의 중심 무대가 된 것에서도 알 수 있듯이, 예술 활동은 금융 자본의 축적으로 인한 경제 발달과 함께 부흥한다. 이 그림 역시 1473년, 이제 막 대자본을 통해 권력을 거머쥔 코지모 데 메디치의 주문을 받아 그려진 그림이다. 이 그림은 우리들에게 산타클로스로 알려진 성 니콜라(라틴 어로 니콜라우스)가 행한 두 번의 기적을 묘사하고 있다. 하나는 거친 파도로 입항한 배의 함장이 기근이 든 마을을 위해 밀을 놓고 간 것에 대해 같은 양만큼의 밀이 다시 생겨나도록 한 기적이고, 다른 하나는 바람을 일으켜 난파 직전의 위기에 처한 배를 항구로 인도하는 장면이다.

이 그림을 통해 당시 기근이 자주 발생하는 재앙 중의 하나였으며, 이는 밀 장사 입장에서 엄청난 폭리를 취할 수 있는 기회였음을 짐작해볼 수 있다. 프라 안젤리코가 메디치 가의 주문을 받아 그린 이 그림은 메디치 가의 엄청난 부의 축재를 속죄하는 의미와 함께 그러한 자신들의 상황을 정당한 것이었다고 변호하는 의미를 지니고 있다고 볼 수 있다. 회화사의 관점에서 보면, 이 그림은 중요한 사실 한 가지를 일러준다. 성인과 상인을 동일한 크기로 묘사한 부분에서 당시 부를 축적한 상인의 위치가 이미 상당한 정도로 격상되어 있음을 짐작해볼 수 있는 것이다. 동시에 엄청난 크기로 묘사되어 바다를 가득 채우고 있는 배 역시 당시 항해가 얼마나 중요한 일이었는지를 말해 준다.

비올라를 연주하는 천사

멜로초 다 포를리(1439~1494), 1480, 프레스코 벽화의 일부, 113x91cm | 피나코테카, 4전시실 (Pinacoteca, Sala IV)

류트를 연주하는 천사

멜로초 다 포를리(1439~1494), 1480, 프레스코 벽화의 일부, 101x70cm | 피나코테카, 4전시실 (Pinacoteca, Sala IV)

빼어난 아름다움을 보여주는 멜로초 다 포를리의 프레스코 벽화들은 밝은 색감, 인물들의 기품과 힘이 있는 모습, 얼굴 표정에서 나오는 묘한 매력으로 인해 걸작들이 즐비한 바티칸 회화관 피나코테카에서도 가장 인기 있는 작품이다. 멜로초 다 포를리는 이탈리아 움브리아 화파의 화가로서 피에로 델라 프란체스카와 만테냐 등에서 그림을 배운 화가이다. 포를리의 이 작품들은 〈천지창조〉나 〈최후의 심판〉을 누르고 바티칸 박물관을 소개하는 책자 표지에 단골로 사용되곤 한다. 미켈란젤로의 〈천지창조〉나 〈최후의 심판〉에 등장하는 조각 작품을 연상하게 하는 근육질의 인물 묘사와 비교해 보면 경쾌하면서도 힘차고 밝은 멜로초 다 포를리의 터치가 주는 매력을 더 깊이 느낄 수 있다. 원래는 로마의 산티 아포스톨리 성당의 벽화로 1480년 그려진 〈예수 승천〉화였는데, 1711년 성당이 헐릴 때 분리해낸 이후 바티칸에 소장되었다. 현재 크기가 다른 여러 점의 벽화가 피나코테카에 보관되어 있다.

꼬마 천사들

멜로초 다 포를리(1439~1494), 1480, 프레스코 벽화의 일부, 95.5x78.5cm | 피나코테카, 4전시실 (Pinacoteca, Sala IV)

〈비올라를 연주하는 천사〉, 〈류트를 연주하는 천사〉와 함께 원래는 로마의 산티 아포스톨리 성당의 벽화로 1480년에 그려진 제단화 중 일부이다. 이 벽화에서는 무엇보다 다른 아기 천사의 죽음을 슬퍼하는 두 아기 천사의 표정이 너무나 귀엽다. 살이 통통하게 오른 두 아기 천사의 슬픈 모습은 한없이 진지한 표정을 하고 있지만, 그래서 오히려 더 귀여운 분위기를 자아낸다. 가운데 죽어서 누워 있는 아기 천사가 금방이라도 일어나고 그러면 진짜 죽은 줄 알고 눈물까지 펑펑 흘린 두 천사가 장난을 친 천사를 쫓아갈 것만 같다. 사실 천사는 죽지 않는 존재다. 멜로초 다 포를리가 그린 이 아기 천사들은 성화의 근엄함을 유지하면서도 천상의 존재들인 천사를 매일 만나는 친숙한 존재로 변화시키고 있다.

피에타
루카스 크라나흐(父, 1472–1553), 캔버스에 유채, 54x74cm | 피나코테카, 5전시실 (Pinacoteca, Sala V)

화가였던 동명의 아들과 구분하기 위해 흔히 이름 앞에 '대大' 자를 붙여 표기하곤 한다. 크라나흐는 자유 분방한 사고의 소유자로서 북유럽의 르네상스에 큰 기여를 한 화가로, 종교개혁가인 루터의 열렬한 지지자 이기도 했다. 장르도 풍경화, 신화화, 초상화, 성화를 가리지 않았는데, 그가 그린 유머러스한 비너스 그림 들은 회화사에서 독특한 위치를 차지하고 있다.

바티칸에 있는 〈피에타〉는 19세기 초, 독일 크로이츠링겐에 있는 성 어거스틴 수도원이 헐릴 때 나온 작품으로 1851년 교황청이 파리에서 구입했다. 이 그림은 무엇보다 기존의 피에타들과 달리 성모가 예수를 끌어안고 있지 않아 눈길을 끈다. 또한 그림은 십자가 위에서 숨을 거둔 예수를 묘사하고 있음에도 불구하고, 예수가 두 눈을 뜬 채 살아있어서 더욱 신비감을 자아낸다. 예수는 창에 찔려 오른쪽 가슴 밑에 난 크고 깊은 상처를 갖고 있고, 온 몸에 채찍을 맞아 상처 투성이이지만, 아직 살아 있는 것이다.

숨을 거둔 예수를 통곡함
조반니 벨리니(1430–1516), 1471–1474, 캔버스에 유채, 107x84cm | 피나코테카, 9전시실 (Pinacoteca, Sala IX)

벨리니는 피렌체 화파와 함께 르네상스 회화의 양대 산맥을 이루는 베네치아 화파에 큰 영향을 끼친 화가다. 그의 작품들은 지금도 베네치아에 다수 남아있다. 형태적 견고함에 중요성을 둔 피렌체 화파와는 달리 베네치아 화파는 서정적인 분위기와 화려한 색채를 선호한다. 그의 제자로 꼽히는 조르지오네, 티치아노 등은 한층 더 색에 우위를 두는 그림들로 유명하다. 밝은 태양과 바닷가의 풍광, 그리고 유럽만이 아니라 동양의 국가들과도 무역을 했던 항구도시 베네치아의 자유스러운 분위기가 그림에 반영된 것은 어찌 보면 자연스러운 일이었다. 바티칸에 있는 벨리니의 그림은 그의 작품들 중에서는 비교적 덜 화려한 편이지만, 붉은 옷과 푸른 하늘의 대비, 길고 우아하게 묘사된 인물들의 손과 진지하고 서정적인 표정 등을 통해 종교적 진지함과 애통함이 잘 조화를 이루고 있음을 확인할 수 있다. 중세나 르네상스 초기에 그려진 성화에서 볼 수 있는 십자가나 배경을 과감하게 생략한 채 요셉, 니고데모, 막달라 마리아 등 인물들을 통해서만 애통함을 드러낸 놀라운 구성도 돋보인다. 빼어난 걸작이었기 때문에 나폴레옹이 약탈해 갔다가 나중에 되돌려 받았다.

성 히에로니무스

레오나르도 다 빈치(1452-1519), 1480, 패널에 유채, 75x103cm I 피나코테카, 9전시실 (Pinacoteca, Sala IX)

밑그림만 그려진 미완성 작품이다. 레오나르도 다 빈치는 이 그림 이외에도 거의 대부분의 그림들을 완성하지 못하고 미완성으로 남겨놓곤 했는데, 특히 이 작품은 그 정도가 심해 거의 소묘 수준에 머물러 있다. 화가인 동시에, 과학자, 건축가, 발명가이기도 한 르네상스의 대표적인 지식인이었던 레오나르도는 인간과 관계된 모든 것에 관심을 갖고 있었고, 자신의 작품 안에 그 모든 지식을 집어넣으려는 야망으로 인해 작품 제작에 오랜 시간이 걸렸으며 자연히 미완성 작품이 많을 수 밖에 없었다.

전통적으로 성 히에로니무스는 성서를 들고 추기경 모자를 쓴 근엄한 모습으로 등장하지만, 레오나르도의 그림에서는 수염도 없는 초췌한 모습으로 사막에 사는 은자의 모습을 하고 있다. 실제로 히에로니무스는 사막에서 금욕을 하며 성서의 라틴 어 번역본을 전면적으로 재번역한 성인이다. 이렇게 번역된 성서는 루터가 다시 민중 독일어로 번역을 시도하기까지 유럽에서 오랫동안 사용되었다. 그림을 자세히 보면 성자가 오른손으로 돌을 집어 자신의 가슴을 치며 고행을 하는 모습을 볼 수 있다. 땅 위에 길게 꼬리를 늘어뜨리고 있는 동물은 사자인데, 히에로니무스가 사자에게 박힌 가시를 뽑아주었다는 전설에서 유래해 그를 상징하는 동물이 되었다. 비록 소묘에 그쳤지만, 레오나르도의 다른 작품들과 마찬가지로 뒷배경이 심오하게 묘사되어 있고 무엇보다 근육의 움직임에 대한 해부학적 관찰이 돋보이는 그림이다.

수태고지, 동방박사들의 경배, 예수의 할례

산치오 라파엘로(1483-1520), 1502-1504, 목판에 템페라, 39x90cm I 피나코테카, 8전시실 (Pinacoteca, Sala VIII)

이 세 점의 템페라는 바티칸 박물관에 함께 소장되어 있는 제단화 〈성모의 대관식〉 밑에 들어가는 소품 이었다. 수태고지와 동방박사들의 경배는 흔히 볼 수 있는 성화이지만 예수의 할례 장면은 보기 드문 그림이다. 그림 속 모든 인물들은 마치 고요한 음악에 맞추어 춤을 추는 듯 유연하고 우아한 움직임을 보여주고 있다. 때문에 지상에 발을 딛고 있기는 하지만 마치 공중에 떠 있는 것 같은 인상을 준다. 그러면서도 건물과 인물들이 보여주는 완벽한 조화와 그림 중앙의 기둥이나 나무를 중심으로 한 대칭 구도 등은 그림에 고전적 엄격성을 부여하고 있다. 이것이 바로 라파엘로의 그림에서만 느낄 수 있는 감미로운 고전주의이다.

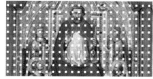

믿음, 소망, 사랑

산치오 라파엘로(1483-1520), 1507, 목판에 템페라, 각 18x44cm | 피나코테카, 8전시실 (Pinacoteca, Sala VIII)

성화의 대상이 된 성모를 마돈나라고 부른다. 8살에 어머니를 여의고 11살에 아버지마저 여읜 라파엘로에게 성모 마리아는 예수의 어머니로서 접근할 수 없는 초월적 존재인 것만은 아니었다. 라파엘로는 평생 헤아릴 수 없이 많은 마돈나를 그렸고, 그때마다 거의 빼놓지 않고 아기 예수를 함께 그렸다. 어머니에 대한 지극히 인간적인 그리움이 성화를 통해 표현되었으며, 아기 예수는 어머니 품에 안겨 어리광을 부리고 싶은 라파엘로 자신이었다.

각각 세로 18cm에 가로 44cm 밖에 안 되는 이 세 점의 작은 템페라화는 라파엘로가 그린 모든 마돈나의 모델이 되는 원형이다. 원래는 페루자에 있는 한 가족 예배당의 제단화인 〈십자가 강하〉의 일부로 제작된 그림이며, 제단화는 현재 로마 보르게세 미술관 등에 나뉘어 소장되어 있다.

마돈나가 성체를 들고 있는 가장 위의 그림이 믿음을 상징한다. 가운데 그림은 두 손을 모아 기도를 하는 성모를 통해 소망을 나타내며, 여러 아이들을 돌보는 성모가 그려진 맨 아래 그림이 사랑을 표현하고 있다. 이 세 점의 그림 역시 라파엘로의 다른 그림들처럼 나폴레옹 침공 당시 약탈되었다가, 1816년에 반환되었다.

변용

산치오 라파엘로(1483-1520), 1520, 패널에 유채, 278x405cm | 피나코테카, 8전시실 (Pinacoteca, Sala VIII)

37살의 젊은 나이에 숨을 거둔 라파엘로의 마지막 작품으로 채 완성시키지 못하고 숨을 거두는 바람에 미완으로 남아있다. 라파엘로의 유언 같은 작품이라고 할 수 있다. 추기경 줄리오 데 메디치가 주문한 작품으로 추기경은 예수의 두 가지 속성, 즉 신적 속성과 인간적 속성을 동시에 표현해 달라고 했다. 이 어려운 주문을 받은 라파엘로는 고심 끝에 성서에 나오는 예수의 형상이 변해 승천하는 변용이라는 주제와 몽유병에 걸린 아이를 치료하는 서로 관계없는 두 이야기를 세로로 긴 화면을 이용해 묘사했다. 이는 성당에 들어오는 일반신도들은 예수의 변용만을 보고 설교자는 몽유병에 걸린 어린 환자를 치료하는 장면까지 모두 볼 수 있도록 한 것인데, 벽에 걸 때도 이 점을 배려하도록 했다.

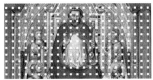

용을 물리치는 성 조지

파리스 보르도네(1500~1571), 1525, 캔버스에 유채, 290x189cm | 피나코테카, 10전시실 (Pinacoteca, Sala X)

베네치아 유파의 거장인 티치아노의 제자였던 보르도네는 스승의 화려한 색감을 그대로 물려받았다. 특히 육감적인 여체가 등장하는 신화화를 많이 남겼다. 〈용을 물리치는 성 조지〉는 화가가 25살의 젊은 나이에 그린 것으로, 배경에 등장하는 프란체스코 수도원을 위해 제작되었다. 그림에서 다루고 있는 주제는 마을 사람들의 생명을 위협하며 사람을 제물로 바치라고 하는 용을 물리치는 이야기로, 많은 화가들이 즐겨 그린 기독교 전설이다. 민간 설화가 가미되어 이교적 신화의 분위기가 물씬 풍기는 전설 이지만, 화가들은 사랑하는 여인을 구한다는 중세 기사도와 함께 전설이 지니고 있는 묘한 성적 매력에 이끌려 자주 묘사하곤 했다. 징그럽게 묘사되는 용은 불신앙을 상징하기도 하지만 성적 욕망을 나타내기도 한다. 괴물의 모습을 한 거칠고 야만적인 욕망을 자제하고 순수한 영혼의 사랑을 갈구하는 의미가 전설 속에 들어있는 것이다. 화가는 여인의 화려한 옷에 대한 묘사와 기사의 차가운 갑옷과 백마의 대비를 통해 절제된 욕망을 표현하고 있다. 용에게 제물로 바쳐진 여인의 화려한 옷은 사실은 욕망 그 자체를 표현하고 있는 것이다. 배경을 잘 보면 수도원을 탈출하려는 수도승이 묘사되어 있는데, 화려한 옷을 입은 육감적인 여인을 만나고자 함을 짐작해볼 수 있다. 용을 물리치는 성 조지 전설은 비단 서구의 성화만이 아니라 동서양을 막론하고 인간의 상상력을 자극하는 주제다. 한국 영화사상 최다관객 동원 기록을 세운 〈괴물〉도 이 전설에 기초해 있다.

성자들과 함께 있는 성모자

티치아노 베첼리오(1490~1576), 1535, 목판에 유채, 388x270cm | 피나코테카, 10전시실 (Pinacoteca, Sala X)

르네상스를 일으킨 피렌체 화파가 데생과 형태에 우위를 두었다면 베네치아 화파는 화려하고 감각적인 색에 주목했던 유파다. 티치아노는 바로 이 베네치아 유파의 최고 화가로서 후배 화가들에게 많은 영향을 주었을 뿐만 아니라, 많은 미술사가들의 연구 대상이 되었던 화가다.

원래 이 그림은 베네치아의 산 니콜로 데이 프라리 성당에 걸기 위해 주문된 작품이었던 것으로 일명 '산 니콜로 데이 프라리 마돈나'로 불린다. 18세기 후반 교황 클레멘스 14세가 구입해서 바티칸에 들어 오게 되나, 나폴레옹이 약탈해 갔다가 1816년에 돌려 받은 그림이다. 약탈해 갔을 당시 성모의 머리 위에 있는 성령을 상징하는 비둘기 그림이 잘려나가 버렸다.

그림 왼쪽의 여인은 카타리나 성녀이고 몸에 화살을 맞은 채 반대편에 서 있는 성자는 기독교로 개종을 한 후 화살을 맞아 순교한 고대 로마 장군인 성 세바스티아누스이다. 가운데 서서 열쇠를 들고 있는 이는 성 베드로이고, 그 옆의 인물은 그림을 주문한 베네치아 주교이다. 검은 승복을 입은 프란체스코회의 두 수도승들은 손에 동정녀의 수태를 상징하는 백합꽃을 들고 있다. 등신상으로 등장한 그림 하단의 인물들은 지극히 심각하고 진지한 반면, 구름 위의 아기 천사와 아기 예수는 한없이 천진난만하기만 하다. 오래 전 작품인데다, 목판에 그렸다가 캔버스에 옮긴 그림이어서 변색되었지만, 티치아노 특유의 화려한 색감이 기독교의 신비와 만나고 있다.

바로크

예수의 입관

카라바조(1571-1610), 1602-1604, 캔버스에 유채, 300x203cm | 피나코테카, 12전시실 (Pinacoteca, Sala XII)

바로크 회화의 문을 연 카라바조는 예리한 묘사력과 빛과 어둠의 대비를 이용한 명암법으로 많은 이들을 놀라게 한 화가이다. 그러나 기존의 성화와 너무나 다른 스타일 때문에 수차례 물의를 일으키기도 했다. 바티칸에 있는 이 그림 또한 예수를 묘사하고 있음에도 불구하고, 마치 이름 없는 사람의 입관식 장면을 그린 듯한 분위기를 풍기고 있다. 예수의 시신임을 일러주는 유일한 단서는 손에 난 못 자국뿐이다. 더구나 예수 못지 않게 살아있는 인물들을 강조하고 있다. 거리의 노동자를 연상시키는 그림 속 일꾼의 시선은 작품을 바라보는 관람객을 향해 있는데, 중요한 순간에도 다른 곳에 한눈을 팔고 있는 산만한 느낌을 준다. 하지만 온갖 비난에도 불구하고 카라바조 이후, 미술은 새로운 길로 접어들기 시작했다. 빛과 어둠의 대비라는 '카라바조주의'는 전 유럽으로 퍼졌고, 렘브란트, 조르주 드 라 투르 등의 바로크 화가들이 그의 뒤를 이었다.

성 베드로의 십자가형

귀도 레니(1575-1642), 1605, 캔버스에 유채, 305x171cm | 피나코테카, 12전시실 (Pinacoteca, Sala XII)

화려한 색과 그림 전체에서 풍겨 나오는 부드러운 분위기로 인해 라파엘로를 연상시키는 레니는 이런 이유로 '제2의 라파엘로'로 불리곤 했다. 〈성 베드로의 십자가형〉은 1797년 나폴레옹이 로마를 점령했을 때 가져갔을 정도로 많은 이들의 사랑을 받은 작품이다. 1816년에 되돌려 받으면서 다시 바티칸으로 돌아올 수 있었다. 한 추기경이 성당에 걸기 위해 주문한 작품으로, 같은 주제를 다룬 카라바조의 영향을 엿볼 수 있다. 화가는 거꾸로 십자가에 매달려 순교한 베드로의 특이한 순교 장면에 관람자들의 시선을 집중시키기 위해 두 인부의 저고리와 모자를 붉은색으로 강조하고 있다.

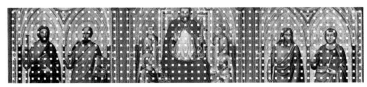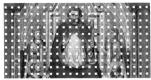

유디트
오라치오 젠틸레스키(1563-1639), 1612, 캔버스에 유채, 133x142cm | 피나코테카, 13전시실 (Pinacoteca, Sala XIII)

성서의 외경에 나오는 유대 민족의 전설 중 하나로, 적장을 유혹해 술을 먹인 후 목을 자른 유대 여장부를
묘사한 이야기를 다루고 있는 작품이다. 잔인하면서도 성적 분위기가 섞여 있어서, 많은 서양 화가들이 즐
겨 다룬 소재이기도 하다. 젠틸레스키 또한 이 이야기를 여러 작품에서 다루었는데, 그중에서도 바티칸에
있는 이 작품은 카라바조의 그림에서 볼 수 있는 명암법을 엿볼 수 있는 작품이다. 적장의 목을 자른
두 여인의 시선은 그림 밖의 다른 곳을 바라보고 있다. 서로 다른 두 시선을 통해, 조국을 위해 사람의 목을
자른 유디트의 행동에 대한 많은 사람들의 의혹과 엇갈린 평가 등을 표현하고 있는 것이다. 많은 정신분석가
들은 유디트의 이 같은 참수 행위를 거세 콤플렉스와 관련된 이미지로 분석한다. 실제로 많은 화가들이
유디트의 일화를 다루면서, 자신의 자화상을 잘려진 머리 묘사에 담아내곤 했다. 이 그림에서도 적장의
얼굴은 화가 자신의 얼굴이다.

성 에라스무스의 순교
니콜라 푸생(1594-1665), 1629, 캔버스에 유채, 320x186cm | 피나코테카, 12전시실 (Pinacoteca, Sala XII)

이 그림 역시 1797년 나폴레옹의 로마 침공 당시 약탈되었다가 1816년 반환된 작품이다. 원래는 성 베드로
성당에 걸리기 위해 제작된 그림이었지만, 여러 곳을 거쳐 반환된 후 바티칸 박물관에 들어왔다.
니콜라 푸생은 프랑스 고전주의 회화의 대가다. 프랑스에서는 17세기를 바로크 대신 고전주의라고 지칭
한다. 격렬한 움직임과 비대칭 구도를 보여주는 바로크는 이탈리아에서 발생한 사조여서, 프랑스의 절대
군주인 루이 14세가 혐오했던 사조였기 때문이다. 푸생은 프랑스 화가였음에도 불구하고 평생을 로마
에서 살며 그림을 그렸고, 로마에서 숨을 거두었다. 그러나 푸생은 당시 로마에 불던 바로크의 영향에서
한 발 비켜나 고대 그리스 로마의 장중하고도 균형 잡힌 미학을 연구하며 자신의 작품에 응용했다.
성 에라스무스는 서기 4세기 초에 순교한 이탈리아 주교다. 산 속에 숨어살며 까마귀들이 날라다 주는
식량으로 살다가 체포되어, 불타는 석탄 위에서 불 고문을 당한 다음 산 채로 기계 장치에 매달려 내장
을 제거당하는 고문 끝에 순교를 했다. 이 때문에 복통을 치료하는 성인으로 여겨진다. 잔혹한 장면을
묘사한 이 그림은 죽어가는 성자에게 이교도의 신인 헤라클레스를 믿으라며 고대 조각을 가리키는 인물
을 통해 기독교와 그리스 신화를 극적으로 대비시켜 보여주고 있다. 푸생은 철퇴를 어깨에 매고 있는
조잡한 황금 조각을 통해 기독교를 옹호하고 있다. 잔인하고 극적인 장면이지만 그림은 잘 짜인 삼층
구도로 인물들을 배치하고 있다.

성 마태오와 천사

귀도 레니(1575~1642), 1640, 캔버스에 유채, 85x68cm | 피나코테카, 12전시실 (Pinacoteca, Sala XII)

레니는 이 주제를 여러 번 다루었는데, 바티칸에 있는 작품은 화가가 숨을 거두기 2년 전에 그려진 것이다. 마치 줌으로 당겨 찍은 사진 같이 크게 확대된 인물들의 놀라운 근접성, 손에 잡힐듯한 머리털과 수염의 묘사가 돋보인다. 화가가 그림을 그릴 당시 복음서 기자인 마태오에 빗대어 자기 자신을 표현했음을 짐작해 볼 수 있다. 마태오가 천사의 도움을 받아 마태복음을 기술할 수 있었다면, 화가인 자신 역시 천사의 도움을 받아 그림을 그릴 수 있었음을 상징하며, 신에 대한 감사의 기도가 이 작품에 담겨 있다고 할 수 있다. 어린 손자 같은 천사를 바라보는 그윽한 마태오의 눈길은 이 작품의 매력 중 하나다.

에덴 동산의 아담과 이브

벤젤 피터(1745~1829), 1830년경, 캔버스에 유채, 336x247cm | 피나코테카, 16전시실 (Pinacoteca, Sala XVI)

서양에서는 동물화를 하급 장르로 취급했기 때문에 대가들은 거의 그리지 않았다. 그림의 한 요소로 그려 넣어야 할 때도 별도로 동물화만 그리는 사람을 고용하곤 했다. 그러나 이러한 경향은 18세기 중엽 이후 많이 변했다. 이는 아프리카, 남미, 아시아 등의 새로운 자연을 발견하게 되면서 박물학이라는 새로운 학문이 일어난 상황과 관련이 있다.

벤젤 피터는 동물화 전문 화가다. 이와 비슷한 그림들을 여러 점 제작했고 1830년경에 바티칸에서 함께 구입했다. 그림을 보면 어딘지 민화 같은 순진함과 세세한 묘사를 엿볼 수 있나. 멀리 구름 사이로 보이는 산과 폭포, 희귀한 열대 동물들과 하늘을 나는 온갖 새들은 마치 동물 도감을 보는 것만 같은 신기한 느낌을 준다. 심지어 아담과 이브를 유혹하는 뱀마저 귀엽게 보인다. 그림을 잘 보면 이브만이 아니라 나무 위에 올라가 있는 원숭이도 사과를 따고 있는데, 원숭이 역시 영장류임을 나타낸 것이다. 이브가 생명의 열매를 땄고 곧 인류 최대의 비극인 원죄가 시작될 찰나이지만 그림 어디에서도 비극적 분위기는 전혀 느껴지지 않는다. 이 점이 이런 류의 그림이 갖고 있는 단점이자 장점이라 할 수 있다.

서구 미술사에 가장 크고 지속적인 영향을 미친 화가는 레오나르도 다 빈치도, 미켈란젤로도 아닌 라파엘로Sanzio Raffaello(1483-1520)다. 화가들은 라파엘로에게서 엄밀한 데생과 부드러운 색의 조화를 보았고, 서정성과 건축적 웅대함이 어울릴 수 있음을 확인했다. 그의 작품 중에서 최고 걸작은 거의 모두 바티칸 박물관에 모여있다. 특히 교황 율리우스 2세의 주문을 받아 장식한 라파엘로관Stanze di Raffaello은 서구 회화사 최고 걸작 중 하나인 〈아테네 학당〉을 비롯해 눈부신 벽화들이 가득하다. 라파엘로관은 '보르고 화재의 방', '서명의 방', '엘리오도로의 방', '콘스탄티누스의 방' 으로 구성되어 있다. 신성로마 황제 카를 5세가 로마를 침공했을 때 부분적으로 파손된 것을 이후 복원했다.

:: 라파엘로관 :::::

보르고 화재의 방

샤를마뉴 대제의 대관식
산치오 라파엘로(1483-1520), 1516-1517, 프레스코화, 670cm | 바티칸 박물관, 라파엘로관, 보르고 화재의 방 (Musei Vaticani, Stanze di Raffaello, Stanza dell'Incendio del Borgo)

샤를마뉴 대제의 대관식은 서기 800년 성탄절 날, 성 베드로 성당에서 거행되었고 이를 계기로 유럽 역사에서 중요한 역할을 하게 된 신성로마제국이 탄생하게 된다. 당시 대관식은 레오 3세가 집전했지만, 그림에 등장하는 교황은 레오 10세이며, 왕도 샤를마뉴가 아닌 프랑스 국왕 프랑스와 1세다. 이는 프랑스와 1세와 레오 10세가 1516년 화친 조약을 맺은 것을 기념하기 위한 것이다.

| 라파엘로관 관련 작품 찾아보기 |

〈아테네 학당〉 산치오 라파엘로, 1509 1511 MASTERPIECE_p.038
〈성체 논쟁〉 산치오 라파엘로, 151-1511 MASTERPIECE_p.040
〈베드로의 탈출〉 산치오 라파엘로, 1514 MASTERPIECE_p.041

가장 마지막에 장식된 보르고 화재의 방 Stanza dell' Incendio del Borgo

서기 847년 보르고에서 일어난 화재를 묘사한 그림이 걸려있어서 보르고 화재의 방으로 불린다. 〈심판자 예수〉 등이 그려진 천장화는 라파엘로의 스승인 페루지노의 1508년 작품이다. 이 방의 장식은 1514년에 시작해 1517년에 끝났다.

보르고 화재

산치오 라파엘로(1483~1520), 1514, 프레스코화, 670cm ǀ 바티칸 박물관, 라파엘로관, 보르고 화재의 방 (Musei Vaticani, Stanze di Raffaello, Stanza dell' Incendio del Borgo)

바티칸 인근의 보르고에서 대화재가 일어나 일대가 위험에 처했을 때 교황 레오 4세가 성호를 그어 화재를 진압한 기적을 묘사한 그림이다. 교회와 국민들에 대한 교황의 사랑과 초능력을 기리고 있다. 노인을 등에 업고 탈출하는 청년의 모습은 고대 로마 시인 베르길리우스의 작품에서 따온 것이다.

오스티아 전투

산치오 라파엘로(1483~1520), 1514, 프레스코화, 770cm ǀ 바티칸 박물관, 라파엘로관, 보르고 화재의 방 (Musei Vaticani, Stanze di Raffaello, Stanza dell' Incendio del Borgo)

서기 849년 사라센이 침입해 오자 교황 레오 4세가 로마 인근의 오스티아에서 기적적으로 적을 물리친 전투를 기리는 그림이다. 이 그림에서도 레오 10세가 레오 4세 대신 묘사되어 있다.

레오 3세의 선서

산치오 라파엘로(1483~1520), 1514~1515, 프레스코화, 770cm ǀ 바티칸 박물관, 라파엘로관, 보르고 화재의 방 (Musei Vaticani, Stanze di Raffaello, Stanza dell' Incendio del Borgo)

전임 교황의 추종자들이 각종 음해를 가해오자 레오 3세는 샤를마뉴 대제의 대관식을 거행하기 직전 하늘로부터 울려 퍼지는 신의 음성을 들었고 이를 음해자들에게 들려주었다. "예수의 대리자는 그의 행동을 통해 인간이 아니라 오직 신에게만 책임을 진다." 교황권을 둘러싼 권력싸움을 일러주는 그림이며 이 그림에서도 레오 10세가 레오 3세 대신 묘사되어 있다.

교황의 집무실, 서명의 방 Stanza della Segnatura

이 방은 교황의 집무실이자 서재였고 교황이 중요한 문서에 서명을 하던 방이기도 했다. 라파엘로관의 네 개의 방들 중 가장 먼저 장식된 방이다. 방의 전체적인 장식은 벽화와 천장화 모두 신학, 철학, 문학, 법학이라는 주제에 맞추어 그려졌다. 철학을 상징하는 〈아테네 학당〉이 있는 곳이 바로 이 방이다. 지름 1.8m의 네 개의 둥근 액자 속에 들어가 있는 천장화는 벽화와 짝을 이루며 각각 신학, 철학, 문학, 법학을 우의적으로 묘사하고 있다. 칼과 천칭을 들고 있는 그림은 정의를 나타내는데, 이는 법학과 짝을 이루며, 악기를 들고 있는 그림은 음악의 신 아폴론이 들어가 있는 벽화인 〈파르나소스 산〉과 함께 문학을 우의적으로 표현하고 있다.

서명의 방

기독교의 덕목들

산치오 라파엘로(1483~1520), 1510~1511, 프레스코화 | 바티칸 박물관, 라파엘로관, 서명의 방 (Musei Vaticani, Stanze di Raffaello, Stanza della Segnatura)

굳은 의지, 신중함, 절제 등의 세속적 덕목과 믿음, 소망, 사랑이라는 기독교 덕목들이 그리스 신화의 큐피드들을 통해 우의적으로 묘사된 그림이다. 문 좌우에는 로마 대법전과 교회법을 집대성한 유스티니아누스 황제와 교황 그레고리우스 9세가 묘사되어 있다. 이 벽화 위에 바로 법을 우의적으로 상징하는 칼과 천칭을 든 여인이 들어가 있는 원형 천장화 〈재판〉이 자리잡고 있다.

파르나소스 산

산치오 라파엘로(1483~1520), 1509~1511, 프레스코화 | 바티칸 박물관, 라파엘로관, 서명의 방 (Musei Vaticani, Stanze di Raffaello, Stanza della Segnatura)

문학 장르 중 시를 상징하는 이 벽화는 라파엘로가 1511년에 완성한 작품이다. 그림 중앙의 월계수 나무 밑에는 비올라를 켜고 있는 시와 음악의 신인 아폴론을 중심으로 주위에 9명의 뮤즈들과 장님으로 묘사된 호메로스, 단테, 오비디우스, 페트라르카, 보카치오 등 고대 그리스와 로마의 시인들은 물론이고 라파엘로와 동시대에 살았던 시인들도 함께 자리잡고 있다.

구약이 묘사된 천장화, 엘리오도로의 방 Stanza di Eliodoro

라파엘로가 서명의 방을 장식한 다음 장식한 방이다. 신의 가호로 교회가 보호되는 장면을 묘사한 네 점의 그림이 있다. 천장화에는 외아들 이삭을 번제로 드리려다 천사의 만류를 받고 있는 아브라함 등 구약의 중요한 장면과 율리우스 2세의 상징과 풍요의 여신 등이 묘사되어 있다.

엘리오도로의 방

사원에서 추방되는 엘리오도로

산치오 라파엘로(1483–1520), 1512, 프레스코화 | 바티칸 박물관, 라파엘로관, 엘리오도로의 방 (Musei Vaticani, Stanze di Raffaello, Stanza di Eliodoro)

엘리오도로는 성경의 외경 중 〈마카베오〉서에 등장하는 도적으로 신전에 들어와 성물을 훔치려다 천사의 방해를 받아 붙잡힌 인물이다. 신이 두 명의 청년과 말 탄 기사를 보내 시리아 왕의 부탁으로 예루살렘 성전에 침입한 도둑을 잡게 한 이야기를 묘사하고 있다. 율리우세 2세 교황은 교황의 재산을 탐내는 이들에게 경고의 메시지를 보내기 위해 이 그림을 그리도록 했다. 왼쪽에 율리우스 2세가 보이며, 그 앞에서 정면을 바라보고 있는 이는 라파엘로의 친구인 판화가 마르칸토니오 라이몬디다. 이 사람은 라파엘로의 작품을 판화로 제작하여 유럽에 널리 유행시킨 장본인이기도 하다.

볼세나 미사의 기적

산치오 라파엘로(1483-1520), 1512, 프레스코화 | 바티칸 박물관, 라파엘로관, 엘리오도로의 방 (Musei Vaticani, Stanze di Raffaello, Stanza di Eliodoro)

이탈리아 중부 지방의 오르비에토 인근의 볼세나에 미사를 볼 때 일어난 기적을 묘사하고 있다. 이 기적은 1263년 미사를 드리던 중 성체를 상징하는 빵에서 예수의 피가 떨어진 사건을 말한다. 이를 기념하기 위해 오르비에토에 대성당이 건축되었다. 250년 정도의 시차가 존재하지만 율리우세 2세는 무릎을 꿇고 앉아 기적을 직접 보고 있는 자신을 그림 속에 집어넣도록 했다. 그림 오른쪽에는 칼을 찬 스위스 용병으로 구성된 근위대가 보이는데, 라파엘로가 그린 인물화 중 걸작으로 꼽힌다.

아틸라를 무찌르는 성 레오

산치오 라파엘로(1483-1520), 1514, 프레스코화 | 바티칸 박물관, 라파엘로관, 엘리오도로의 방 (Musei Vaticani, Stanze di Raffaello, Stanza di Eliodoro)

교황 성 레오 1세가 서기 5세기 중엽 유럽을 침공한 훈족의 수장 아틸라를 무찌르는 장면을 묘사하고 있다. 전설에 의하면 성 베드로와 바울로가 칼을 들고 출현하여 아틸라의 로마 점령을 막았다고 한다. 그림에 등장하는 하늘의 칼을 든 두 성자가 그들이다. 멀리 보이는 콜로세움에서 알 수 있듯이 라파엘로는 그림의 배경을 로마로 설정하여 그렸는데, 실제 사건은 북부 이탈리아의 만토바에서 일어났었다.

라파엘로파가 완성한 콘스탄티누스의 방 Sala di Constantino

이 방의 장식은 1520년 라파엘로가 숨을 거둔 후 그와 함께 일을 했던 다른 화가들에 의해 1525년에 완성되었다. 이런 이유로 라파엘로의 화풍을 볼 수 없으며, 오히려 의도적으로 기교를 부리는 매너리즘 경향을 만나게 된다. 이 방은 공식 연회장으로 쓰였던 공간이다. 방의 전체적인 장식과 천장은 개조를 거쳐 1585이 되어서야 완성된다. 기독교를 공인한 로마 황제 콘스탄티누스(306~337)가 개종한 후 보여준 기독교와 관련된 일생을 네 점의 벽화가 묘사하고 있다.

콘스탄티누스의 방

십자가 현현
라파엘로파, 1520~1524, 프레스코화 | 바티칸 박물관, 라파엘로관, 콘스탄티누스의 방 (Musei Vaticani, Stanze di Raffaello, Sala di Constantino)

밀리비안 교의 전투
라파엘로파, 1520~1524, 프레스코화 | 바티칸 박물관, 라파엘로관, 콘스탄티누스의 방 (Musei Vaticani, Stanze di Raffaello, Sala di Constantino)

콘스탄티누스 황제의 세례식
라파엘로파, 1520~1524, 프레스코화 | 바티칸 박물관, 라파엘로관, 콘스탄티누스의 방 (Musei Vaticani, Stanze di Raffaello, Sala di Constantino)

콘스탄티누스, 로마를 교황에게 바치다
라파엘로파, 1520~1524, 프레스코화 | 바티칸 박물관, 라파엘로관, 콘스탄티누스의 방 (Musei Vaticani, Stanze di Raffaello, Sala di Constantino)

〈십자가 현현〉과 〈밀리비안 교의 전투〉는 줄리오 로마노가 완성했고, 〈콘스탄티누스 황제의 세례식〉은 프란체스코 체니가 마무리 했으며, 〈콘스탄티누스, 로마를 교황에게 바치다〉는 두 사람의 공동 작품 이다.

:: 고대 이집트 미술 ::::::

이집트관

바티칸 박물관의 이집트관Museo Egizio은 1839년 교황 그레고리우스 16세가 세운 것이다. 19세기 전반기 전 유럽은
이집트 유물에 열광했고, 교황도 예외가 아니었다. 이런 현상은 나폴레옹의 이집트 원정과 그 이후 생겨난 이집트학
등으로 열기를 더해갔다. 유럽의 모든 박물관에 이집트관이 있다는 사실은 당시의 유물 거래가 어느 정도로 방대하게
이루어졌는지 짐작하게 한다.

바티칸 박물관의 이집트 유물은 다른 유럽 박물관과는 달리, 고대 로마 시대에 이집트에서 가져온 것들이 오랜 세월이
흐른 후 발굴된 유물들이 많다. 이집트 석관, 미라를 넣어두던 채색 목관, 기원전 10세기 경의 여성 미라, 각종 장례
물품 등을 볼 수 있으며, 무엇보다 파라오 람세스 2세의 어머니인 투야 부인의 거대한 조각이 볼 만하다.

하트셉수트와 투트모시스 3세의 기념비
테베 출토, 제 18 왕조(기원전 1475년~1468년), 황색 사암, 높이 115cm ｜ 이집트관, 1전시실 (Museo Egizio, Sala I)

황색 사암으로 제작된 이 비석은 아몬 신에게 봉헌물을 바치는 파라오와 왕비를 묘사하고 있다. 왕과 왕비는
비석 가운데 위치해 있고, 한 손으로 활과 화살을 쥔 채 오른쪽 끝에 서 있는 사람은 테베시를 의인화한
캐릭터이다. 아몬 신은 비석 왼쪽에 자리잡고 있다. 왕과 왕비가 한 비석에 등장하는 것은 드문 일인데,
두 사람이 공동 통치를 했던 상황을 일러주는 이러한 묘사를 통해 비석의 제작시기도 정확히 알 수 있다.
테베의 카르낙 신전에서 출토된 유물이다.

현재 바티칸 이집트관에 있는 유물들의 상당수는 놀랍게도 이집트 현지에서 출토된 유물이 아니라 로마
인근의 고대 유적지에서 출토된 것인데, 이는 로마제국 당시 엄청난 양의 이집트 유물들이 로마로 실려왔기
때문이다. 성 베드로 광장에 있는 오벨리스크도 이집트가 고대 로마에 선물로 보낸 것이었다. 성서 창세기의
출애굽기에 묘사된 애굽이 이집트인데, 구약 시대의 역사에서 이집트는 히브리 민족을 노예로 부리고
있었다. 이런 역사적 사실 이외에도 바티칸은 고고학적 목적으로 이집트 유물들을 수집하여 소장하고
있다. 이외에도 파라오 람세스 2세의 어머니인 〈투야〉를 묘사한 화강암 거상(좌)이 볼 만하며, 미라를 넣어
장사를 지냈던 관(우) 등 다양한 유물들이 보관되어 있다.

:: 지도 :::::

지도관 Galleria delle Carte Geografiche

길이 120m의 긴 전시실 벽에 그린 약 40점의 대형 지도들을 볼 수 있다. 16세기 말인 1580년, 교황 그레고리우스 13세가 명령해서 제작된 지도들이다. 항해술의 발달과 신세계의 발견으로 어느 때보다 지도의 필요성이 대두되던 당시의 지리학과 측량술 등을 엿볼 수 있을 뿐만 아니라, 뛰어난 장식성으로 인해 많은 이들이 찾는 곳이다. 이탈리아 반도 전역을 그린 지도를 비롯해 유럽의 각국 지도도 볼 수 있다.

PRACTICAL INFORMATION TO VISIT |

바티칸 관람을 위한 실용정보

바티칸 방문 일정에 차질을 빚지 않으려면 실용정보들을 수시로 참고할 필요가 있다.

특히 일요일이 바티칸 박물관의 휴관일이라는 점에 유의해야 하고, 성 베드로 성당은 성당, 보물실, 지하 동굴, 돔의
관람 시간이 약간씩 다르므로 관람 전에 미리 확인하는 것이 좋다.

위치 및 연락처 Location & Contact

성 베드로 성당
- **위치** Piazza San Pietro, Vatican City
- **전화** (06) 6988 3712
- **이메일** stpetersbasilica@gmail.com
- **웹사이트** www.stpetersbasilica.org

바티칸 박물관
- **위치** Viale Vaticano
- **전화** (06) 6988 4947
- **웹사이트** mv.vatican.va

개관시간 Opening Hours

성 베드로 성당
- **성당** 4~9월 07:00~19:00, 10~3월 07:00~18:00
- **보물실** 4~9월 09:00~18:30, 10~3월 09:00~17:30
- **지하 동굴** 4~9월 07:00~18:00, 10~3월 07:00~17:00
- **돔** 4~9월 08:00~18:00, 10~3월 08:00~16:45

바티칸 박물관 / 시스티나 성당
- **개관시간** 월~토 09:00~18:00(16:00까지 입장), 무료 입장일 09:00~14:00(12:30까지 입장)
- **휴관일** 일요일(매월 마지막 일요일 제외), 공휴일(6월 29일, 12월 25, 26일)
- ※ 그 외의 휴관일은 수시로 웹사이트에서 확인하는 것이 좋다.

가는 방법 Getting to the Vatican City

지하철 Metropolitana
A선 오타비아노Ottaviano 역, 치프로 뮤제이 바티카니Cipro-Musei Vaticani 역 하차

버스 Autobus
32번, 81번, 98번 피아자 델 리조르지멘토Piazza del Risorgimento 하차
40번, 62번 피아자 피아Piazza Pia 하차

트램 Tram
19번 피아자 델 리조르지멘토Piazza del Risorgimento 하차

입장료 Admission Fees

성 베드로 성당
• **입장료** 무료
• **돔 관람** 엘리베이터 성인 €7, 계단 €6

바티칸 박물관 / 시스티나 성당
• **입장료** 성인 €14.00, 학생 €8
• **무료 입장** 매월 마지막 일요일

편의시설 Amenities

오디오 가이드 투어 Audio Guides
MP3와 헤드폰을 이용해 박물관에 소장된 350여 점의 작품 설명과 주요 전시실의 역사 등을 들을 수 있다. 비용은 6유로이며, 한국어를 포함해, 영어, 프랑스 어, 이탈리아 어, 독일어, 일본어, 중국어 등 총 8개 언어로 제공된다.

관광 안내소 Information Office
성 베드로 광장 왼쪽 샤를마뉴 윙에 위치해 있다. 관광 안내를 비롯해, 무료 투어와 환전 등의 업무도 이곳에서 문의할 수 있다.

바티칸 우체국 Vatican Post Office
- 바티칸 광장 샤를마뉴 윙과 바티칸 박물관 내, 두 곳에 우체국이 자리해 있다.
- 영업시간 : 월~금 08:00~14:00, 토 08:00~13:00

기타
바티칸 박물관 내에 물품 보관소, 휠체어, 응급실, 기념품점 등의 부대시설이 마련되어 있다.

가이드 투어 Guide Tour

방문 당일 박물관 내 가이드 투어 데스크에서 가이드 투어 티켓을 구입할 수 있다. 이메일 이나 팩스를 통해서 예약이 가능한데, 최소 일주일 전에는 신청해야 한다.
- **팩스** (06) 6988 4019
- **이메일** visiteguidatesingoli.musei@scv.va

바티칸 박물관과 시스티나 성당
- **일정** 월~토 10:30, 12:00, 14:00
- **소요시간** 2시간
- **요금** 성인 €29.50

바티칸 정원
- **일정** 3~7월 화, 목, 토 11:00 / 8~9월 화, 목, 토 09:30 / 11~2월 토 11:00
- **소요시간** 2시간
- **요금** 성인 €18, 학생 €14

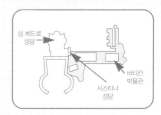

2층

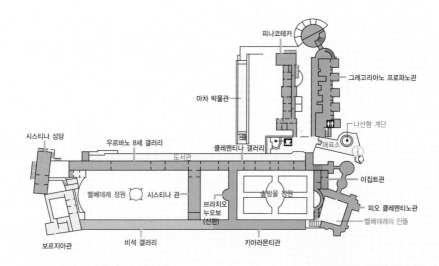

피나코테카

그레고리아노 프로파노관

마차 박물관

나선형 계단

시스티나 성당

우르바노 8세 갤러리

클레멘티나 갤러리

매표소

도서관

이집트관

벨베데레 정원

시스티나 관

솔방울 정원

피오 클레멘티노관

브라치오
누오보
(신관)

벨베데레의 안뜰

보르지아관

비석 갤러리

키아라몬티관

3층

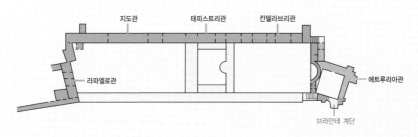

지도관

태피스트리관

칸델라브리관

라파엘로관

에트루리아관

브라만테 계단

■ 고대 이집트, 아시리아 미술   ■ 르네상스 15~16세기 미술   ⓘ 인포메이션 데스크   ☎ 전화   ☕ 카페   🚻 화장실

■ 고대 그리스 로마 미술   ■ 비석 갤러리

■ 에트루리아 미술   □ 현대 종교 미술

I N D E X

작가명/작품명으로 찾아보는 바티칸